Contents

開端

重新檢視國際單位的基準

藉由全新的定義，變成更正確的單位

如果長度與質量、時間等單位會因為國家及地區而有所不同，人類的社會生活就會產生諸多不便。因此，目前我們普遍使用名為「國際單位制」(System International Units，SI)的國際通用單位。

在國際單位制中，有七種「基本單位」(base units)，也就是表示長度的「公尺(m)」、質量的「公斤(kg)」、時間的「秒(s)」、電流的「安培(A)」、溫度的「克耳文(K)」、物質的量(物量)的「莫耳(mol)」以及發光強度的「燭光(cd)」。

其中，公斤、安培、克耳文以及莫耳這四種單位，曾於2019年5月20日世界計量日(World Metrology Day)變更定義。藉由將右上所列的四個基礎物理常數(physical constant)正確定義，進而更新這些單位的定義。如此一來，隨著單位的精密度獲得提升，也無須再使用「國際公斤原器」(International Prototype of the Kilogram，IPK)等人造基準器了。

國際單位制新定義所採用的數值

基礎物理常數	數值
普朗克常數 h	$6.626\ 070\ 15 \times 10^{-34}$ Js
基本電荷量 e	$1.602\ 176\ 634 \times 10^{-19}$ C
波茲曼常數 k	$1.380\ 649 \times 10^{-23}$ JK^{-1}
亞佛加厥常數 N_A	$6.022\ 140\ 76 \times 10^{23}$ mol^{-1}

1個光粒子擁有的能量與光的頻率成正比，而其比例常數即為普朗克常數h(Planck constant，h)。
基本電荷量e(elementary charge，e)是指1個電子攜帶的電荷量。
波茲曼常數k(Boltzmann constant，k)是運用於1個分子擁有的能量與溫度間關係式的物理常數。
亞佛加厥常數N_A(Avogadro constant，N_A)是1莫耳的物質所含的原子或分子數量。

國際公斤原器

直到2019年為止，「國際公斤原器」都是 1 公斤的計量基準。位於玻璃罩中間的圓柱形金屬是由鉑與銥的合金打造而成，其質量過去被定義為 1 公斤。全世界只有一個國際公斤原器，自1889年起由位於法國巴黎的國際度量衡局（International Bureau of Weights and Measures，IBWM）所保管。

開端

回顧制定單位的歷史

人類制定通用單位的歷史源遠流長

就像生活在現代的我們一樣，古時候的人們也會進行各種經濟活動。而無論是以物易物還是使用貨幣購買，都必須要有用於計量物品的單位。早在古埃及，人類就已經開始使用天平。此外，據信中國古代秦朝的秦始皇曾進行過度量衡（長度、體積、重量的基準）的統一，而日本在701年（大寶元年）所制定的大寶律令中也訂定了度量衡。

在18世紀的歐洲，隨著公民社會迅速普及，大規模的交易活動變得可行，人們更加需要一套在各地均能通用且不會變動的單位。其中，法國是最積極尋求解決方案的國家。法國以地球的子午線求出了一個能被世人普遍接受的長度基準，並且在1795年制定出「公制」（metric system）。

在此之後的單位歷史可參見右頁表格。隨著科學技術的進步，更為正確的單位也在持續更新。

制定單位的歷史

1795 年	法國制定「公制」。
1799 年	兩個基準計量原器「國際公尺原器」與「國際公斤原器」收藏在法國巴黎的國家檔案館（national archives）。
1874 年	不列顛科學學會（British Science Association，BSA）導入「CGS制」（公分克秒制，centimetre-gram-second system）。
1875 年	17個國家於法國簽訂「公制公約」（Metre Convention）。
1889 年	召開第一屆國際度量衡大會（General Conference of Weights and Measures），公尺與公斤的計量基準以國際原器為主。
1895 年	臺灣總督府頒布《臺灣度量衡販賣規則》，開放日式的度量衡器進口販賣，為日治時期臺灣第一個度量衡相關法規。
1946 年	國際度量衡委員會（International Committee for Weights and Measures）承認「MKSA制」（公尺公斤秒安培制，meter-kilogram-second-ampere system）。
1954 年	國際度量衡大會認可為「MKSA制」追加溫度的單位（K）以及發光強度的單位（cd）。
1960 年	國際度量衡大會為1954年認可的單位制冠上「國際單位制」之名。
1971 年	為「國際單位制」追加物量的基本單位（mol），成為現在的七種基本單位。
1984 年	民國73年，《度量衡法》全文修正後，政府曾一度強制取締非公制的度量衡器，以利全面推行公制、淘汰台制，但遭民間反彈，最後並未徹底落實。
2002 年	以附屬成員身分加入「公制公約」。
2019 年	公斤的定義睽違130年重新修正，七種基本單位均以不變的物理常數來定義。

編註：我們至今仍在使用「坪」、「甲」、「台斤」等非公制單位，與臺灣複雜的歷史背景及文化相關。雖歷經幾次法規改革，不過成效有限，民間對於這些舊制也習以為常了。

國際事件　臺灣事件

美國使用的美制單位

所謂美制，是在世界各地多數採用公制的情形中，唯有美國仍在持續使用的一種單位系統。

像是長度的單位「碼」，或許有些人曾在形容高爾夫球的飛行距離等方面聽過。

長度的單位

吋（inch）	1 in ＝ 0.025 4 m（＝ 2.54 cm）
呎（foot）	1 ft ＝ 12 in ＝ 0.304 8 m（＝ 30.48 cm）
碼（yard）	1 yd ＝ 3 ft ＝ 0.914 4 m（＝ 91.44 cm）
哩（mile）	1 mile ＝ 1760 yd ＝ 1609.344 m（＝ 1.609 344 km）

面積的單位

畝（acre）	1 ac ＝ 4840 yd^2 ≒ 4046.856 m^2

容積的單位

加侖（gallon）	1 gal ＝ 0.003 785 412 m^3（＝ 3 785.412 cm^3，3.785 412 L）
桶（barrel）	1 barrel ＝ 0.158 987 3 m^3（＝ 158.987 3 L）

質量的單位

磅（pound）	1 lb ＝ 0.453 592 37 kg（453.592 37 g）
盎司（ounce）	1 oz ＝ 0.062 5（1/16）lb ≒ 0.028 349 52 kg（28.349 52 g）

在美制單位中，長度的單位有碼、呎以及吋等。至於重量的單位，則有磅以及盎司等。

據說美制單位是源自於人體或周遭物品的長度，例如呎是來自腳長（從腳尖到腳跟的長度）。

世界上大多數人都使用公制，不過美國卻頑強地持續使用美制單位。公制在美國並非主流，反而是美制單位比較常見於日常生活中。

Column

Coffee Break

古文明使用的庫比特單位

在古代的美索不達米亞與埃及，曾使用一種名為「庫比特」（cubit）的長度單位。一般認為，庫比特是在西元前6000年左右，於美索不達米亞誕生的單位。

據說在古埃及，1 庫比特是法老手肘到中指的長度。由於該單位的依據是人體，所以在美索不達米亞和埃及，1 庫比特的長度會有些許微妙的差異，不過都落在50公分左右。

其後，庫比特經過希臘、羅馬再傳到歐洲，並且被長期地使用。據說現在的碼（約 2 庫比特）與呎就是以庫比特為基礎發展而來的單位。

像庫比特這種以人體的一部分作為計量基準的單位，也曾出現在古代的中國與日本。例如，雙臂張開的長度為「尋」、手掌張開時從中指到拇指的長度為「咫」、4 隻手指並排的長度為「握」等。日本在進入 8 世紀之後，由於大寶律令將度量衡法制化，這些單位就漸漸棄而不用了。

國際共同制定的基本單位

成為所有單位之基礎的七種單位

國際單位制中的七種基本單位是什麼？

首先，來看看國際單位制中的七種基本單位吧。

當單位因為國家及地區而混亂不堪時，就會使貿易、商業或是人民生活變得無所適從。為了解決這個問題，法國在18世紀時興起試圖統一單位的社會運動，而這股風潮催生出了名為「公制」的單位系統。其後，國際度量衡大會成為例行召開的會議，而在該會議中所訂定的單位就特別稱之為

國際單位制中的七種基本單位

種類	名稱	單位符號
長度	公尺	m
質量	公斤	kg
時間	秒	s
電流	安培	A
溫度	克耳文	K
物量	莫耳	mol
發光強度	燭光	cd

「國際單位制」。

於1971年召開的國際度量衡大會中，訂定了七種基本單位的定義。其後，從2019年5月20日起，公斤、安培、克耳文與莫耳就開始適用全新的定義。

在我們的生活周遭，還有其他各式各樣的單位，而這些單位都可以用下表所示的七種基本單位結合而成。

七種基本單位

全世界試圖統一單位的風潮，始於1795年法國制定出「公制」。其後，儘管曾設想出各種單位系統，但最終在1971年的國際度量衡大會上確立了現在的七種基本單位。結合這七種基本單位，就能製造出各種表示速度與力等的單位──稱為「導出單位」(derived unit)。

定義
1公尺是光在2億9979萬2458分之1秒內於真空中行進的距離。
1公斤是透過將普朗克常數h定為$6.62607015 \times 10^{-34}$Js（焦耳・秒）之後，根據物理定律定義而來。
1秒是銫133原子吸收特定的光（電磁波），振動91億9263萬1770次所需的時間。
1安培是透過將基本電荷量e定為$1.602176634 \times 10^{-19}$C（庫侖）之後定義而來。
1克耳文是透過將波茲曼常數k定為1.380649×10^{-23}JK^{-1}（焦耳每克耳文）之後，根據物理定律定義而來。
1莫耳是透過將亞佛加厥常數N_A定為$6.02214076 \times 10^{23}$mol^{-1}（每莫耳）之後定義而來。
1燭光是將頻率540兆赫（THz，Terahertz）的光（電磁波）朝特定方向發射，且其輻射強度為683分之1Wsr^{-1}（瓦特每球面度）時，光源在該特定方向的發光強度。

國際共同制定的基本單位

「公尺」是以光速作為基準

長度的單位是以自然界中的最快速度為基礎訂定而成

第一個基本單位是表示長度的「公尺」（m，meter）。

「正確地測量物體的長度」對於產業發展不可或缺。從古至今，人類都在持續追求更加正確的長度基準（單位）。

在1790年代，法國興起了試圖讓全世界統一長度基準的風潮。於是，1公尺被定義為從地球北極到赤道的子午線（經線）長度的1000萬分之 1。

1799 年，子午線的長度成為 1 公尺的基準

求出從北極到赤道的子午線長度後，將其1000萬分之 1 定為 1 公尺。

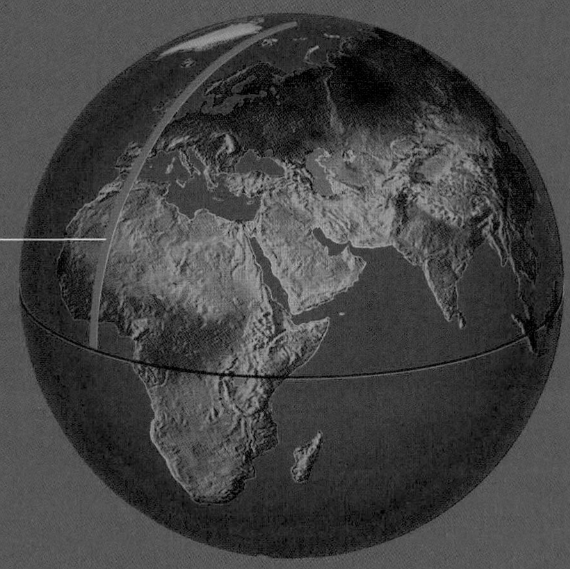

在1889年，儘管採用了由鉑與銥的合金所打造的公尺原器，卻因為遇熱膨脹以及歲月折損等因素，導致原器的長度有所變化。

有鑑於此，在1983年的國際度量衡大會中，決定以「光速」作為長度單位的基準。光速是自然界中最快的速度，既不會受到光源的運動以及光的行進方向等因素影響，也不會隨時間發生變化。在以光速作為基礎來定義長度的現今，1公尺就是「光在2億9979萬2458分之1秒的時間內於真空中行進的距離」。

1889年，公尺原器成為1公尺的基準

將刻畫在公尺原器表面的兩個刻度線之間的長度定為1公尺。

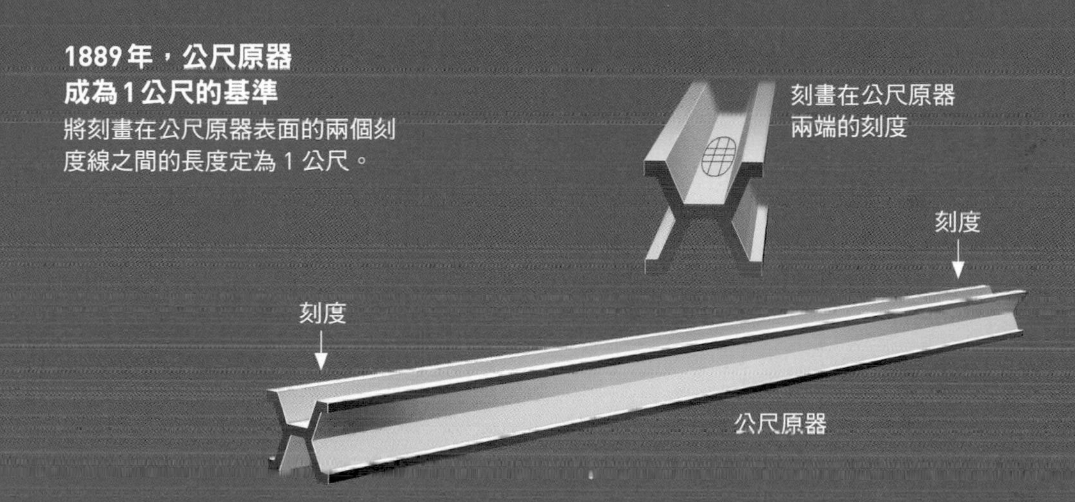

1983年以後，光在299,792,458分之1秒內行進的距離為1公尺

現在是用光速的數值作為長度的基準。

國際共同制定的基本單位

「公斤」是以光的能量來定義

質量單位的關鍵在於光同時擁有的波動性與粒子性

第二個基本單位是表示質量的「公斤」（kg，kilogram）。公斤的定義在2019年 5 月20日已被變更。

從1889年開始，公斤是以「國際公斤原器」作為基準。然而人們發現到，製作完成的原器歷經100年以上的時間，其質量已經產生了大約50微克（microgram）的變化。

因此在全新定義中，改為使用「普朗克常數 h」作為基準。1 個光粒子

質量是「使物體移動的困難程度」

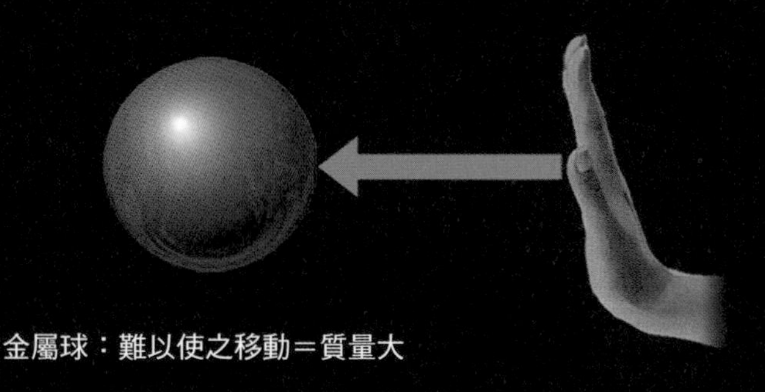

金屬球：難以使之移動＝質量大

乒乓球：容易使之移動＝質量小

質量是表示使物體移動的困難程度（更正確地說，是使物體加速的困難程度）的物理量。上圖所示為以相同的力量與時間，推動位於無重力空間裡的金屬球以及乒乓球的情形。從此圖判斷，可以說難以使之移動的金屬球是質量較大的一方。

所擁有的能量與光的頻率成正比，而這個比例常數就是普朗克常數 h。1公斤是透過將普朗克常數 h 精確地定為 6.62607015×10^{-34}Js（焦耳·秒）之後，再根據物理定律定義而來。

如果使用愛因斯坦（Albert Einstein，1879～1955）著名的質能方程式「$E=mc^2$」與光量子假說的公式進行計算，則可以說「1公斤是與頻率為 $\frac{299792458^2}{6.62607015\times10^{-34}}$ 赫的光能量相等的質量」。

何謂普朗克常數？

根據量子力學，電子這類基本粒子以及光都同時擁有波動性與粒子性。下圖中的公式「$E=h\nu$」表示「光的粒子（光子，photon）的能量與振動頻率成正比」。而公式「$\lambda=h/mv$」則表示「電子的波長與電子的動量（momentum）成反比」。而普朗克常數就是上述這些關係式的比例常數。

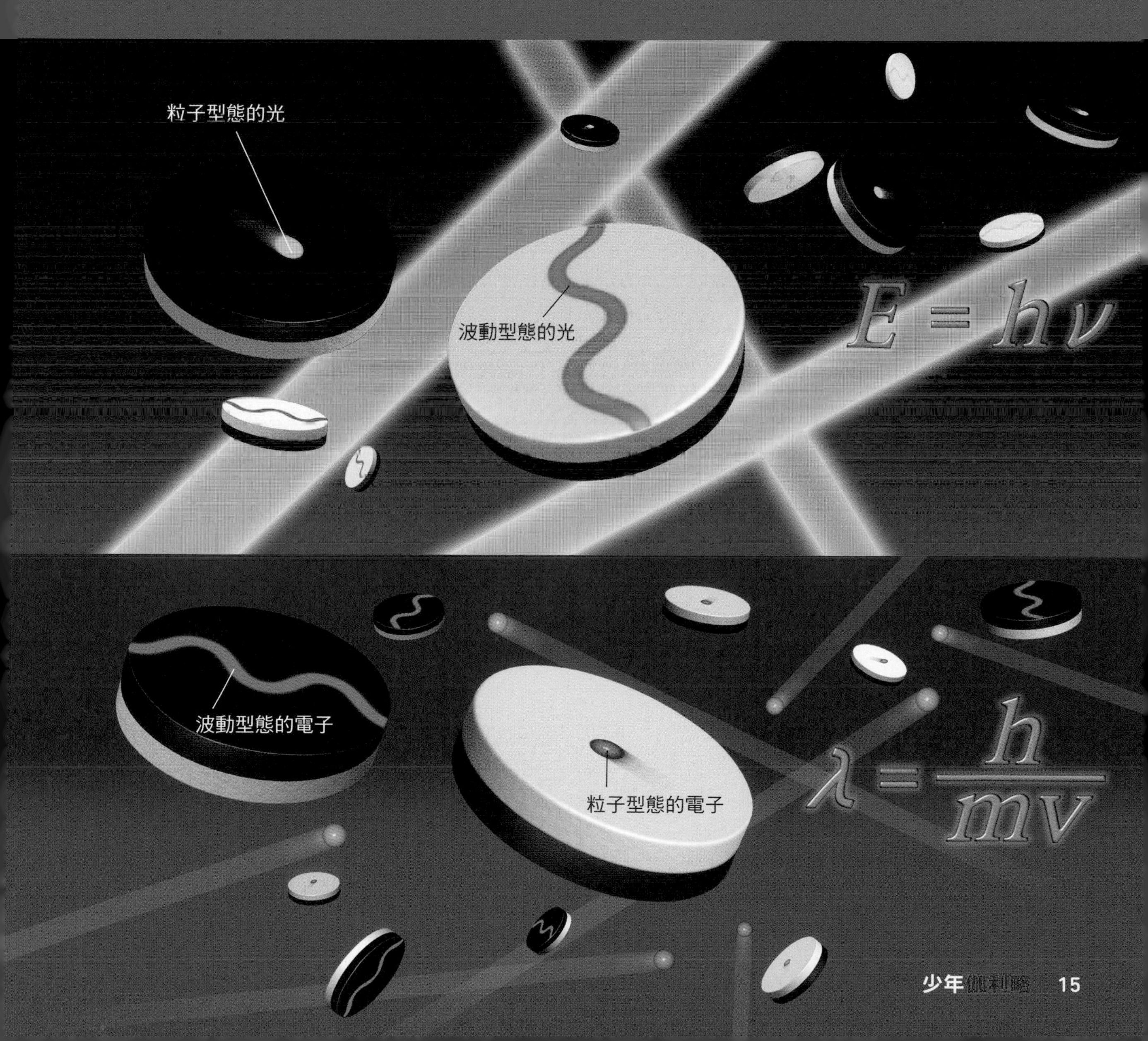

Column

Coffee Break

店家的磅秤是否正確

即便是再嚴謹的單位，如果沒有正確地使用的話就沒有意義。

當我們在日常生活中要買肉買菜時，有些店家是以秤重的方式來計價販售。如果此時磅秤顯示出的重量會因為店家而有所差異，消費者就無法安心購物。

日本為了解決這個問題，有套名為「計量法」的法律。所謂計量法，是訂定出計量基準以確保計量結果正確的法律。國家及都道府縣均是以計量法為依據來檢查磅秤的準確性。

在磅秤的側面及背面會貼上通過國家或都道府縣認證的「檢定標章」（検定証印），或是由國家認可的機構所頒發的「標準合格標章」（基準適合証印）金屬牌。

此外，都道府縣還會每 2 年檢查 1 次磅秤。而檢查合格的磅秤，就會被貼上記有合格年月的「定期檢查完成標章」（定期検査済証印）。

磅秤的側面貼有刻著檢定標章的金屬牌。

定期檢查完成標章

國際共同制定的基本單位

「秒」的定義源自原子的振動

精準的時間是因銫133原子而生

第三個基本單位是表示時間的「秒」（s，second）。

我們在日常生活中使用的時鐘幾乎都是石英鐘（quartz clock），其原理是利用對水晶施加電壓時產生的振動。相對於此，目前最準確的時鐘則是原子鐘（atomic clock），其原理是利用銫133原子。

原子擁有只吸收固定頻率（1秒內波的振動次數，單位為「赫」）的光（電磁波）並讓能量狀態提高的性質。而當銫133原子吸收到頻率為91億9263萬1770赫的電磁波「微波」（microwave）時，就會進入高能量狀態。利用這個性質，人類將1秒定為「銫133原子所吸收的微波振動91億9263萬1770次所需的時間」。

當某種微波振動了91億9263萬1770次即為1秒

當銫133原子只吸收到頻率為91億9263萬1770赫的微波時，其能量狀態就會提高。利用該性質製成的原子鐘，是以微波照射銫133原子並確認其能量狀態已被提高之後※，再計算微波的振動次數。而當計算出振動次數達91億9263萬1770次時就視為1秒，也就是時間經過了1秒。

※：使用磁鐵，只將高能量狀態之銫133原子的路徑往探測器的方向彎曲。當進入探測器的銫133原子被電離（ionization）的電流流過線路，便能藉此確認其能量狀態已經提高。

未吸收微波，維持低能量狀態的銫133原子。

微波
頻率無法讓銫133原子能量狀態提高的微波。

吸收到微波，能量狀態提高的銫133原子。

微波
頻率為91億9263萬1770赫，能夠讓銫133原子能量狀態提高的微波。

原子鐘

國際共同制定的基本單位

「安培」的定義源自電子的流動

電流的大小是根據導線內通過之電子攜帶的電量而定

第四個基本單位是表示電流的「安培」(A,Ampere)。安培的定義在2019年5月20日已被變更。

在此之前,1安培是根據電流通過置於真空的2條導線時,兩者交互影響之力的大小來定義。

相對於此,在全新定義中由於電流本身可視為電子的流動,因此也可以用1個電子所攜帶的電量——「基本電荷量 e」——來定義安培。

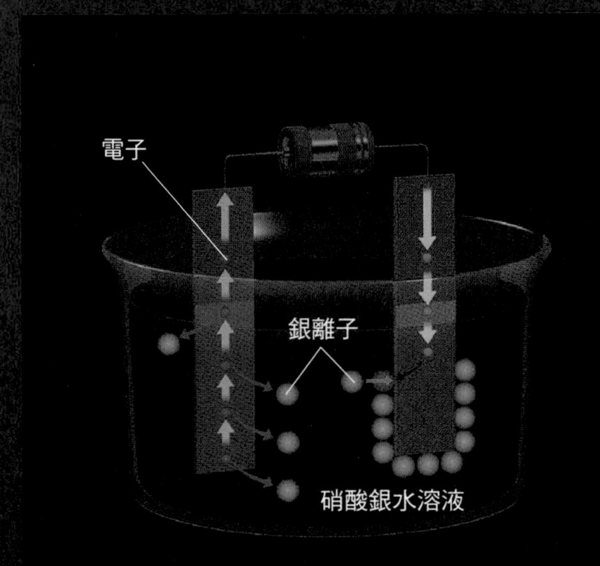

1. 以鍍銀來定義

過去曾使用電解硝酸銀水溶液所產生的鍍銀來定義安培:將安培定為「通過硝酸銀水溶液的電量每秒析出0.001118000公克的銀時的電流大小」,並稱之為「國際安培」(international ampere)。

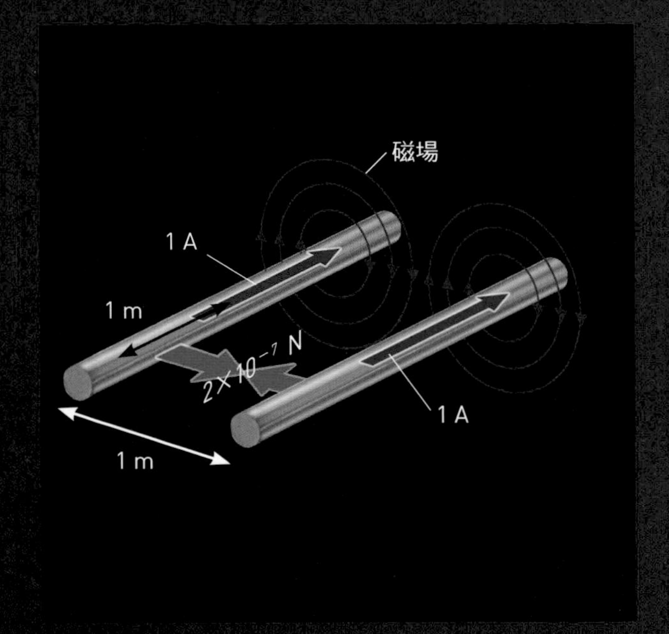

2. 根據導線交互影響的力來定義

從1948年到2019年,安培是根據電流通過2條導體時兩者交互影響的力來定義。該力(電磁力)與電量之間的關係,可以用電磁學定律「安培定律」(Ampère's circuital law)與「弗萊明左手定則」(Fleming's left hand rule)推導出來。

1 安培是透過將基本電荷量 e 定為 $1.602176634 \times 10^{-19}$C（庫侖）之後定義而來。

1 安培是在 1 秒內運送 1 庫侖電量時的電流大小。因此，1 安培可以說是在 1 秒內運送 $\frac{1}{1.602176634 \times 10^{-19}}$ 個電子時的電流。

安培的變遷

電流單位「安培（A）」的基準在過去是根據水溶液電解而定（**1**），之後則是根據電流通過導體時的作用力來定義（**2**）。到了2019年，演變成根據基本電荷量（代表電子的電量大小，符號為正）來定義安培（**3**）。

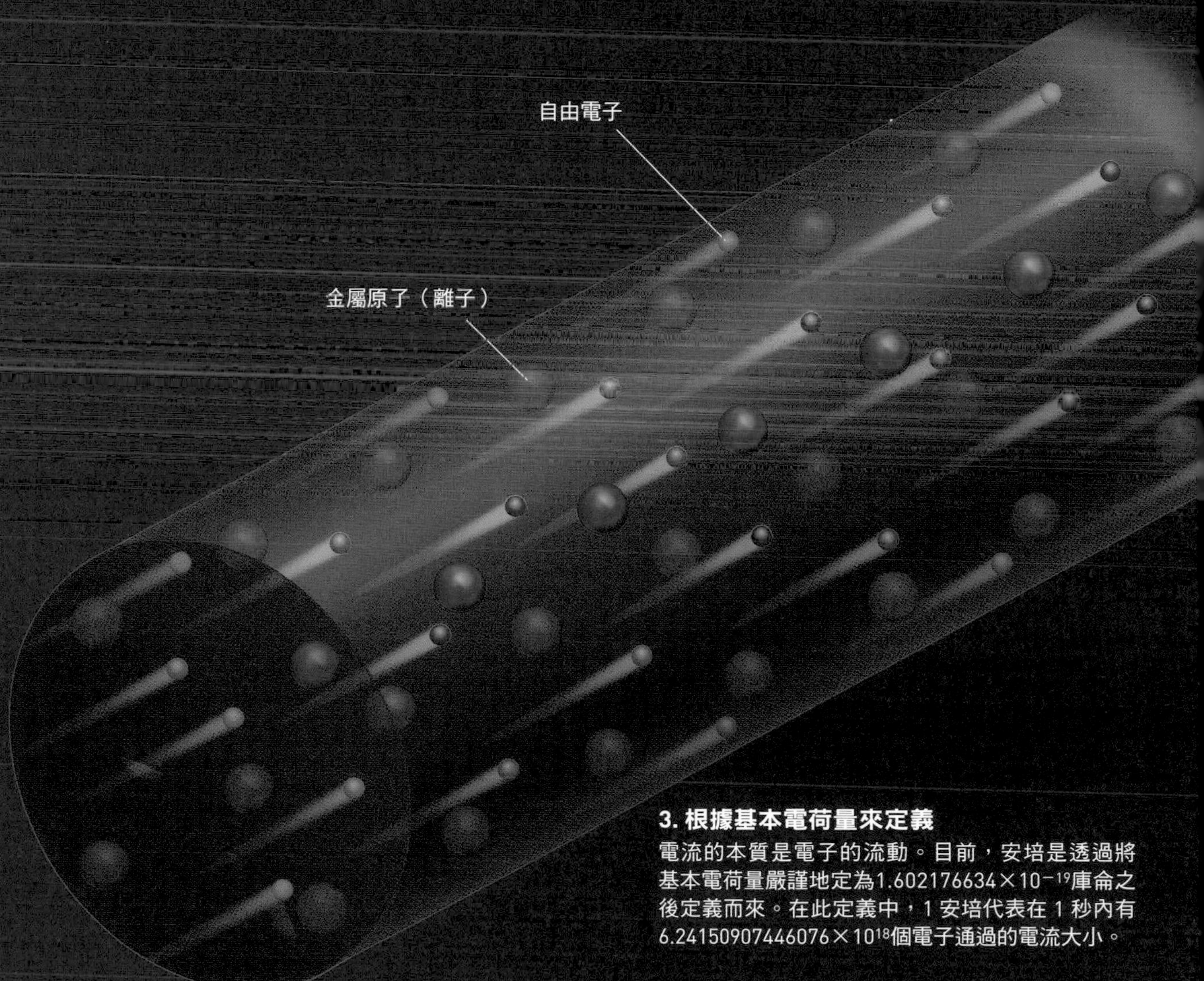

3. 根據基本電荷量來定義

電流的本質是電子的流動。目前，安培是透過將基本電荷量嚴謹地定為 $1.602176634 \times 10^{-19}$ 庫侖之後定義而來。在此定義中，1 安培代表在 1 秒內有 $6.24150907446076 \times 10^{18}$ 個電子通過的電流大小。

國際共同制定的基本單位

表示絕對溫度的「克耳文」

以自然界中的溫度下限為基準的單位

第五個基本單位是表示溫度的「克耳文」(K，Kelvin)。克耳文的定義在2019年5月20日已被變更。

克耳文是以自然界中的溫度下限──負273.15℃(絕對零度)──為基準的溫度(絕對溫度)單位。在此之前，克耳文的定義是「水的三相點(triple point)與絕對零度相差的$\frac{1}{273.16}$」。所謂水的三相點，是指水蒸氣、水與冰這三種狀態共存的溫度──定為273.16K(0.01℃)。話雖如此，三相點的溫度卻不是絕對固定的。

有鑑於此，在全新的定義中改用「波茲曼常數k」作為基準。波茲曼常數k是運用於1個分子擁有的動能與溫度間關係式的物理常數。1克耳文就是透過將波茲曼常數k定為$1.380649 \times 10^{-23}JK^{-1}$(焦耳每克耳文)之後，根據物理定律定義而來。

「絕對零度」時，原子及分子都會停止活動

當溫度越低，構成物質之粒子的動能也會越小。一般認為，當溫度變成負273.15℃(絕對零度)時，水分子的動能會變為零乃至於停止活動。可以說溫度的高低與粒子的活躍程度息息相關。

攝氏溫度與絕對溫度

攝氏溫度的基準為水的冰點（0℃）與沸點（100℃）。而絕對溫度的基準為絕對零度（0K，圖中的紅色刻度）。原本的設定為絕對溫度中 1 個刻度的寬度與攝氏溫度相同。但現在則是依照「絕對溫度（K）＝攝氏溫度（℃）＋273.15」的公式而定。

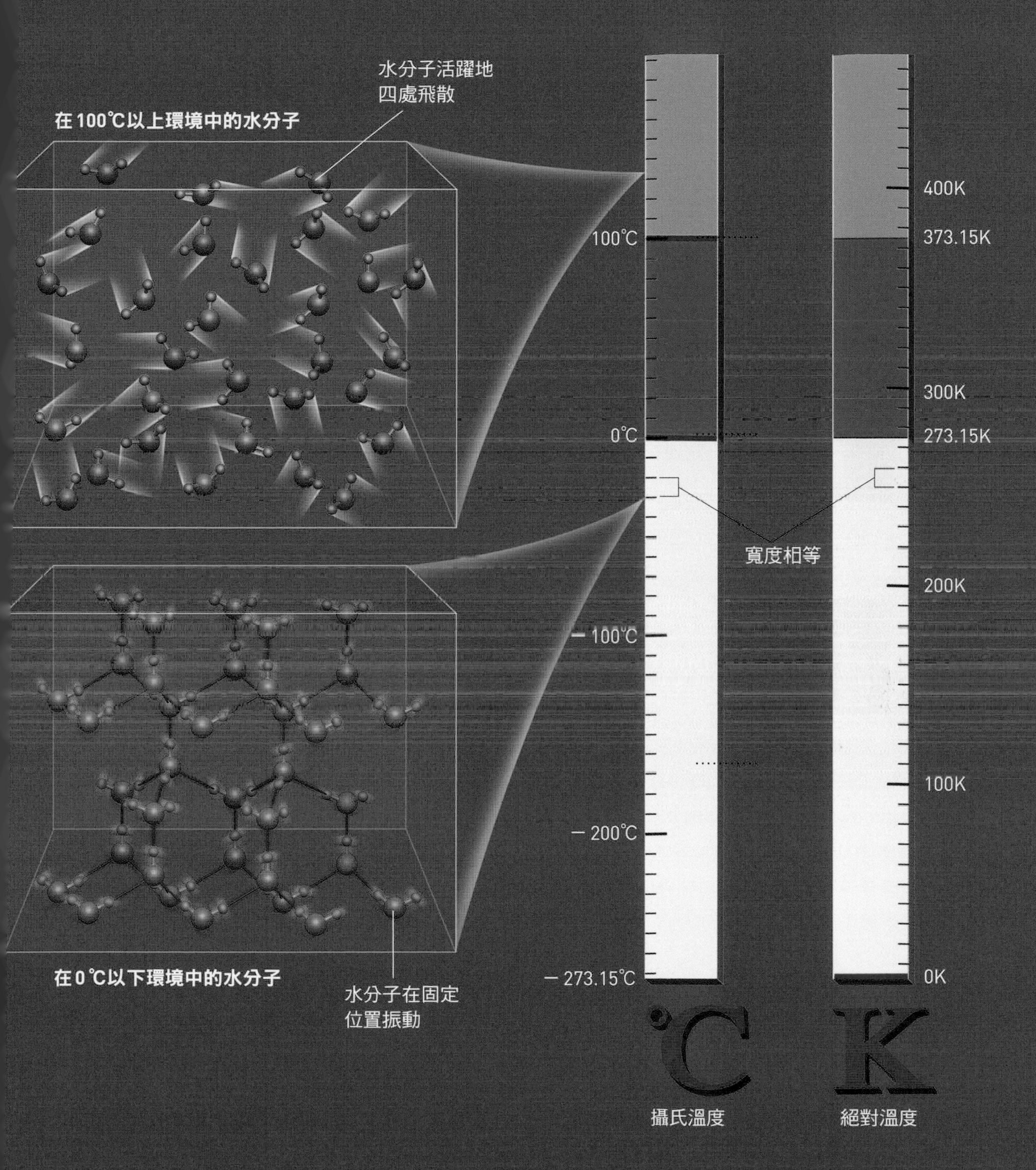

國際共同制定的基本單位

比星體數量還要更多的「莫耳」

能簡單表示分子或原子數量的單位

第六個基本單位是表示物量的「莫耳」(mol)。莫耳的定義在2019年5月20日已被變更。

莫耳是用於表示原子或分子等的龐大粒子數量的單位。在此之前，1莫耳的定義為「12公克的『碳12(^{12}C)』中所含的原子數量」。在12公克的碳12中，含有約6.02×10^{23}個碳12原子。而約6.02×10^{23}個粒子所含的物質的量(物量)就是1莫耳。

在前述的舊定義中，1莫耳的粒子數量(亞佛加厥常數N_A)並不準確。因此，運用普朗克常數h等數值進行計算，將亞佛加厥常數N_A嚴謹地定為$6.02214076 \times 10^{23}$ mol^{-1}(每莫耳)之後，才全新定義出1莫耳。結果，莫耳成了獨立於公斤的單位。

「1莫耳」有多少？

1莫耳也就是「6.02×10^{23}」個分子或原子。圖為將這些分子或原子聚集起來的話會各有多少量的示意圖。

1莫耳的鋁(Al)是27公克

鋁箔紙的成分幾乎都是鋁。以家用的鋁箔紙(厚約0.01毫米，寬25公分)來說，長約4公尺時約有27公克。

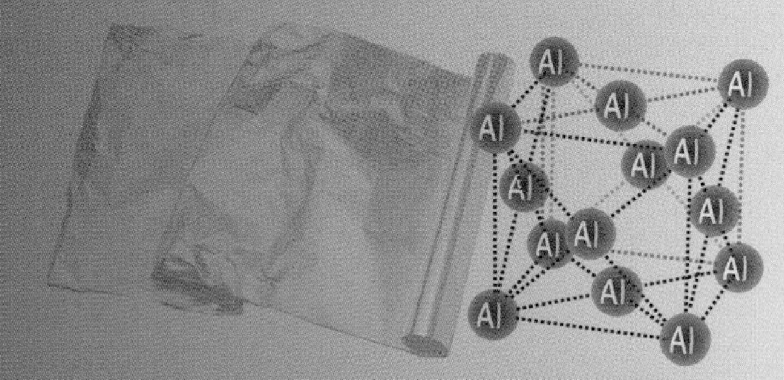

鋁的晶體結構

1莫耳的木炭是12公克

木炭除了碳之外，還夾雜著其他微量的物質。在木炭中，部分的碳元素會組成與石墨(鉛筆筆芯的成分)相同的晶體結構。

碳(石墨)的晶體結構

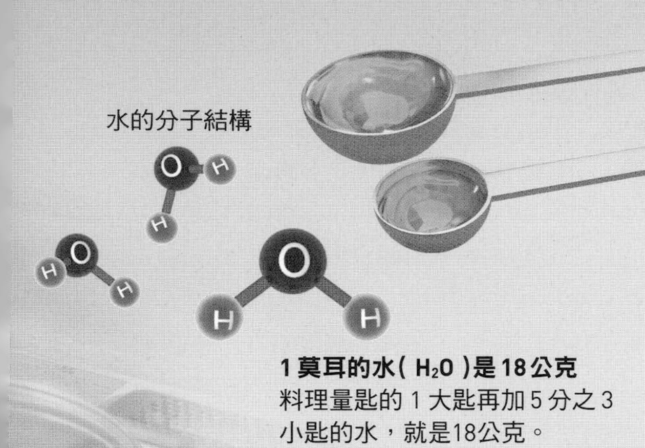

1莫耳的水(H_2O)是18公克
料理量匙的1大匙再加5分之3小匙的水，就是18公克。

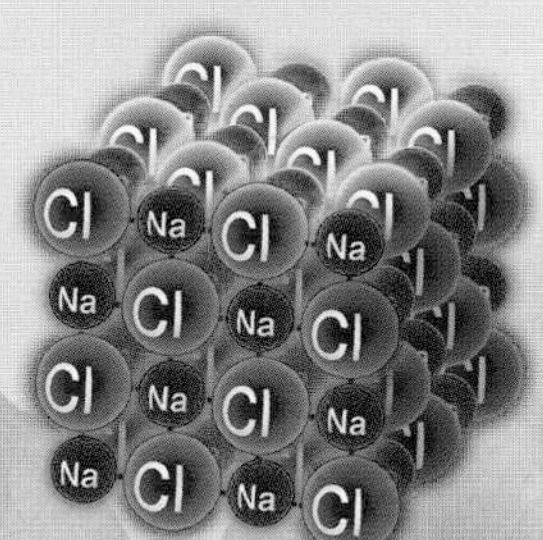

1莫耳的鹽(NaCl)是58.5公克
58.5公克的鹽相當於50碗味噌湯的鹽分含量。

1莫耳的氣體約為22.4公升
圖為家用瓦斯的主要成分甲烷（CH_4）。1莫耳的氣體分子在0℃、1個標準大氣壓（standard atmospheric pressure）下約為22.4公升，等同於直徑約35公分的球的體積。

註：此為理想氣體的狀況。實際上，也有1莫耳的氣體體積並非22.4公升的氣體分子。

國際共同制定的基本單位

「燭光」等同於一支蠟燭的亮度嗎？

燭光是表示光源本身亮度的單位

第七個基本單位是表示發光強度的「燭光」(cd，candela)。

過去曾經以蠟燭或是瓦斯燈的亮度來作為發光強度的單位基準。然而，由於這些方法難以固定亮度，所以人們在1948年決定運用能憑物體溫度推導其亮度的「黑體輻射」(Black-body radiation) 理論，來定出世界通用的發光強度單位「燭光」。

在1979年，燭光的定義改以「光在

各種光源的發光強度

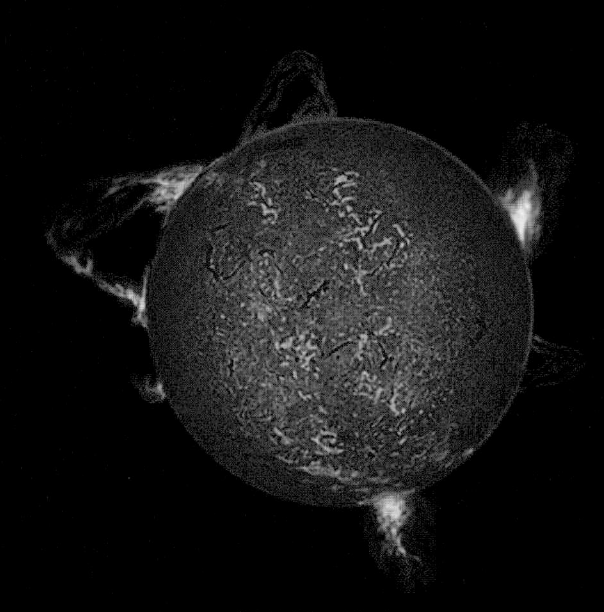

太陽的發光強度
3×10^{27}cd

月亮的發光強度
6×10^{15}cd

單位時間中行進時的放射能量［單位為瓦特（W）］」為基準，將1燭光定義為「頻率540×10^{12}赫的光朝特定方向發射，且其輻射強度為$\frac{1}{683}$ Wsr^{-1}（瓦特每球面度）時，光源在該特定方向的發光強度」。

在此定義中，將人類視覺所感受到的「亮度刺激」大小納入了考量。人類的眼睛對於綠色光的敏感度最高，而燭光就是基於發出綠色光的光源在一定時間內，朝著某個擴散角（angle of divergence）發射之光的能量大小定義而來。

100W電燈泡
100cd

蠟燭
約1cd

Column

Coffee Break

以日本漢字表示的單位寫法

1795年於法國制定的公制，是在1875年以公制公約的形式成為國際通用的計量基準。日本在過去是使用名為「尺貫法」的單位系統，不過自1885年（明治18年）加入公制公約之後，便一直使用公制至今。

粍 毫米	糎 公分	米 公尺	粁 公里
吋 吋	呎 呎	碼 碼	哩 哩
竓 毫升	竰 厘升	立 公升	竏 公秉
弗 美元	磅 英鎊	仏 法郎	馬 德國馬克

日本從幕府時代末期到明治時代，十分流行將外來語翻譯成漢字。例如公尺是用「米」來表示，而毫米則是將公尺的「米」與代表1000分之 1 的「毛」加以組合，創造出新的漢字「粍」來表示。

除了長度以外，也有表示體積或重量單位的漢字相繼誕生，而美制單位、貨幣單位等等也有與之相對應的漢字。

用來表示力與能量等的導出單位

角度的單位「弧度」與「球面度」

角度分為2種：平面的角度與立體的角度

接下來看看有關導出單位的知識吧。所謂的導出單位，就是能夠使用基本單位推導出來的單位。首先，要介紹的推導單位是「弧度」（rad，radian）與「球面度」（sr，steradian）。

我們考慮圓時，大多使用以圓1周為360度的「度度量」來計算。然而，當要運用三角函數進行計算時，用度度量就不太方便了。在這種情況

平面角（弧度：rad）

設想有一半徑為 r 的圓，弧長為 r 的扇形其圓心角即為1弧度。圓心角的大小會與該圓心角所屬之扇形的弧成正比。考慮圓周的圓心角時，會發現由於弧（圓周）的長度 $2\pi r$ 正是 r 的 2π 倍，因此圓心角為1弧度×2π＝2π弧度。

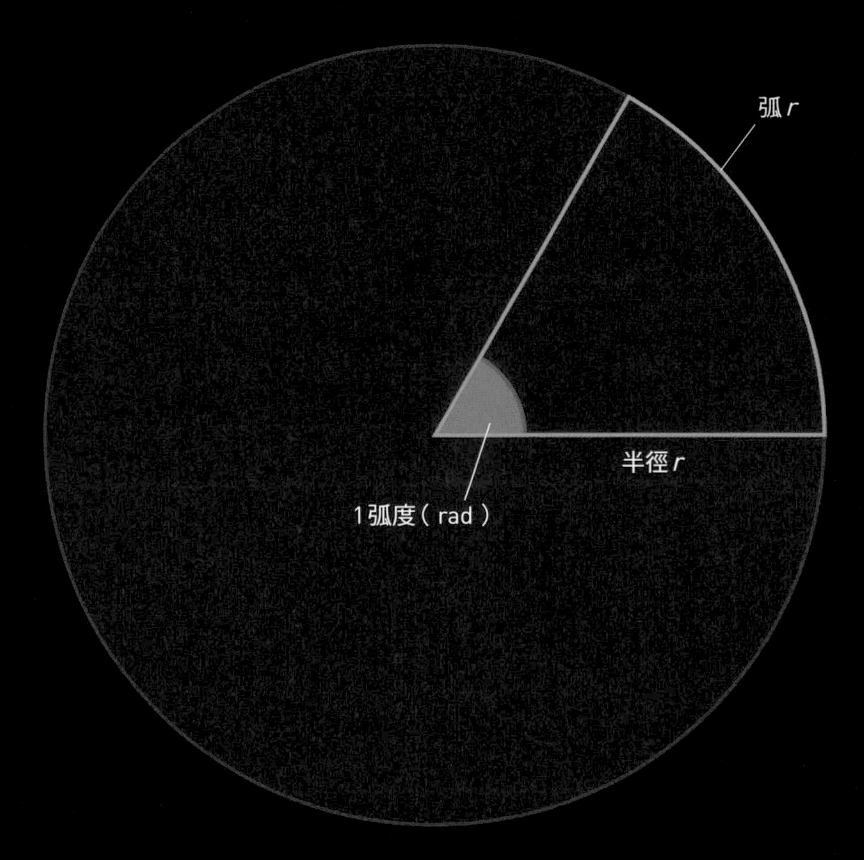

導出單位的名稱	單位符號	僅用基本單位的表示方法	用其他SI單位的表示方法
弧度	rad	m/m	

下，就需要運用「弧度量」。

弧度量所使用的單位是「弧度」（rad）。1弧度是從圓的中心看向與圓半徑等長之弧的角度，且圓1周的角度為2π弧度。弧度所表示的角度即為在平面上的角度［平面角（plane angle）］。

相對於此，也能用同樣的概念來設想一立體角度，用於表示球中頂點的張開程度。該角度名為「立體角」（solid angle），使用的單位是「球面度（sr）」。

設想有一錐體，是在半徑為1的球體表面畫出圖形後，以直線將球體中心與該圖形周圍相連而成。球體表面的圖形面積為1（1^2）的錐體，其頂點的立體角就是1球面度。再者，從球體中心看向整個球體的立體角為4π球面度。

立體角（球面度：sr）

設想有一錐體，是在球體表面畫出圖形後，由球體中心與該圖形所構成。如果球體的半徑為 r，則球體表面的圖形面積為 r^2 的錐體，其頂點的角度（立體角）就是1球面度，且立體角的大小與畫在球體表面上的圖形面積成正比。從球體中心看向整個球體的立體角時，會發現由於整個球體的表面積 $4\pi r^2$ 正是 r^2 的 4π 倍，因此立體角為1球面度×4π＝4π球面度。

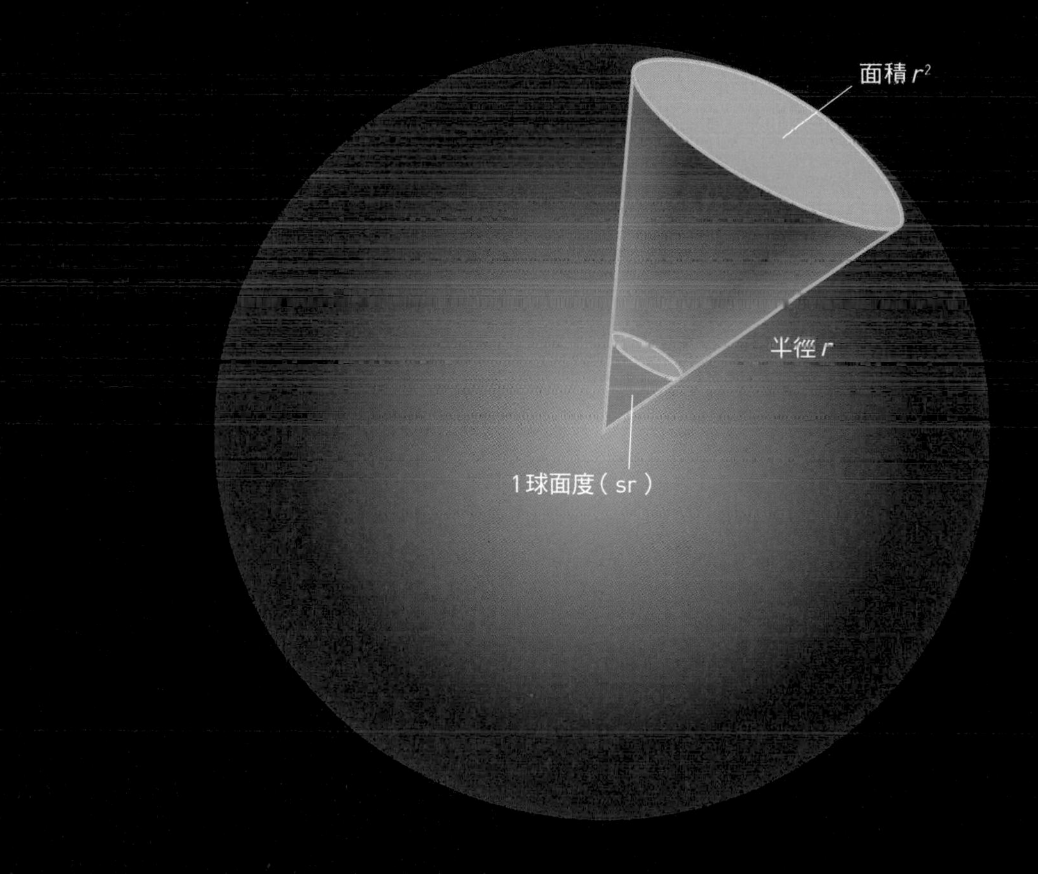

導出單位的名稱	單位符號	僅用基本單位的表示方法	用其他SI單位的表示方法
球面度	sr	m^2/m^2	

用來表示力與能量等的導出單位

「赫」是波在 1 秒內波動的次數

表示無線電波與聲波、電磁波等各種波之頻率的單位

接下來介紹頻率的單位「赫」（Hz，Hertz）。頻率是指波在 1 秒內振動的次數。赫在1960年被納入國際單位制中。

各種波的性質會表現在波的波動方式上。波會在最高的波峰與最低的波谷之間反覆來回並行進。將波起伏的速度以 1 秒內的波動次數來表示，就是所謂的頻率。

我們周遭充滿著各式各樣的波，像

頻率是表示波振動的速度

波的「波動方式」取決於「波的基本要素」，其中又以頻率與波長最常被用於表示波的特徵。如果將頻率與波長相乘，能夠求出波速。以頻率與波長來表示波動方式，就可以了解波的性質。

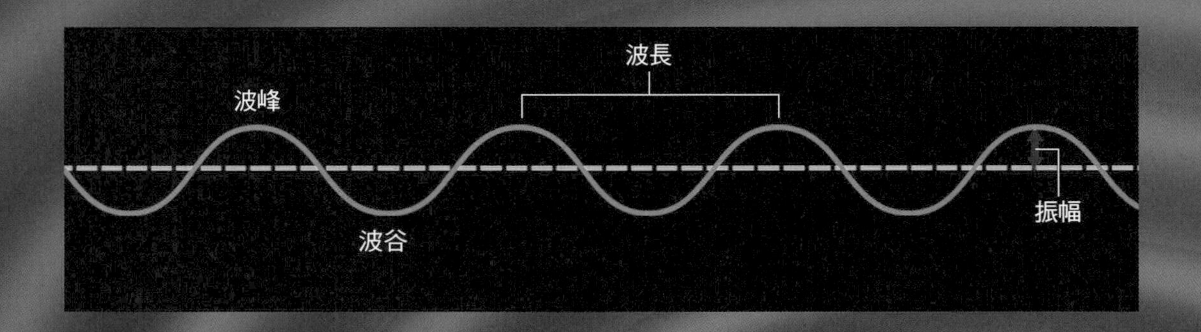

波的基本要素

振幅……波在振動時的振動幅度。

頻率……又稱為「週波數」。是指 1 秒內波的各個點振動的次數。也可以說是某個點在 1 秒內經過的波峰數量。

週期……是指波的各個點振動 1 次所需的時間。也可以說是某個點經過波峰後，要抵達下一個波峰同一個點所需的時間。與頻率是倒數關係（週期＝1÷頻率）。

波長……波峰（最高處）與下一個波峰之間的長度。也可以說是波谷（最低處）與下一個波谷之間的長度。

導出單位的名稱	單位符號	僅用基本單位的表示方法	用其他 SI 單位的表示方法
赫	Hz	s^{-1}	

是在水面傳遞的波與聲波、電磁波等，而我們也感受得到聲音與光（電磁波）的頻率差異。頻率越高的聲音，聽起來就越尖銳。相差 1 個八度（octave）的高音，其頻率會相差大約 2 倍。而以光來說，頻率的差異則會讓我們看到不同的顏色。

此外，電磁波包含了各種頻率的波，像是可見光與紅外線、紫外線、無線電波等。當電磁波的頻率越高（波長越短）就越容易直線前進而不會分散，同時具有較高的能量。我們就是利用這些性質將各種電磁波應用到生活當中。

擁有各種波長的電磁波

X 光與紫外線、無線電波……都是名為「電磁波」的波。即使同屬於電磁波，各自的波長卻有極大的差異。

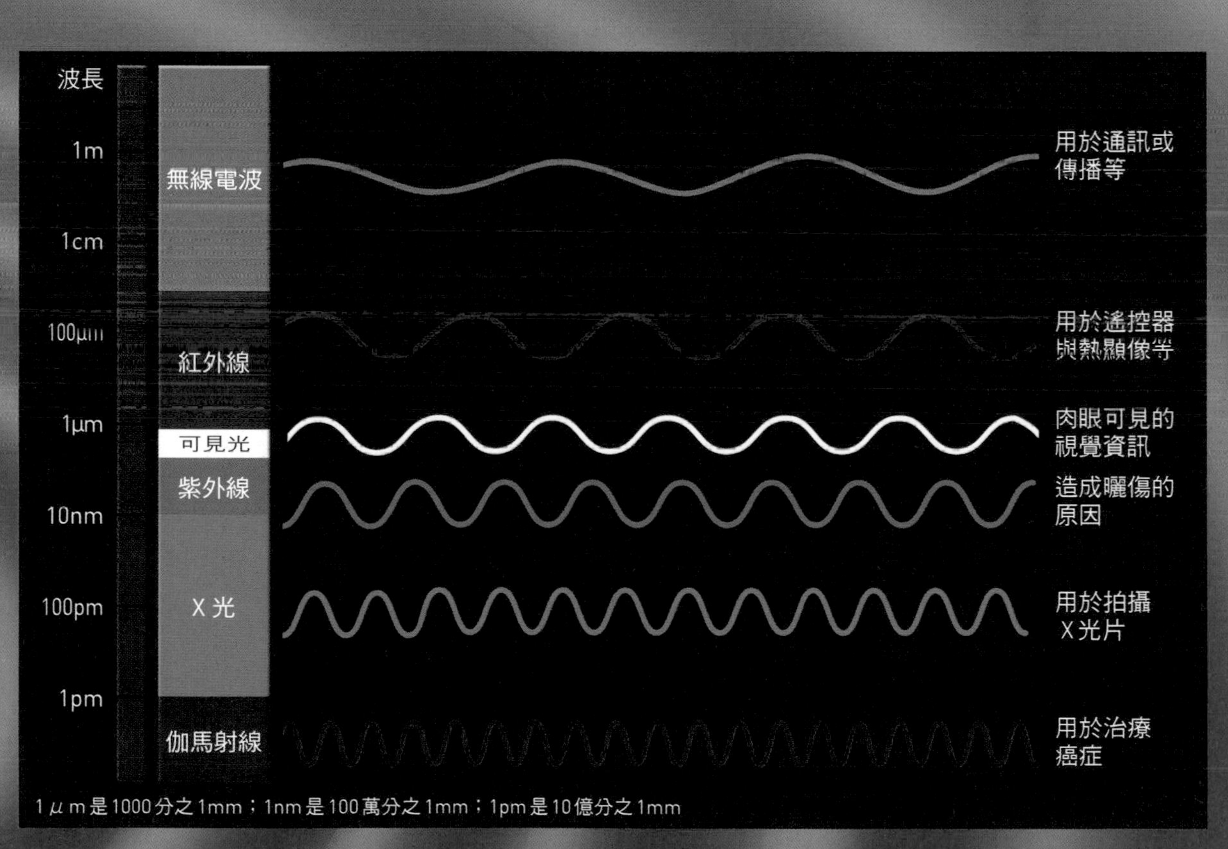

用來表示力與能量等的導出單位

「牛頓」是表示力的大小的單位

力是讓物體移動、變形的作用

接下來介紹的是國際通用的力的單位「牛頓」（N，Newton）。或許生活中並不常見，不過牛頓是一個不可或缺的重要單位。

1 牛頓的定義為「讓質量 1 公斤的物體在 1 秒內產生秒速 1 公尺的加速度的力」。

在物理學中所使用的「力」，是讓某物體移動（加速）的作用。當物體的質量越大，要以固定的加速度使其

力的大小與物體質量以及加速度成正比

所謂的力，就是讓物體移動（加速）的作用，且會與該物體的質量以及加速度成正比（下方公式）。力的單位名稱「牛頓」是源自於發現萬有引力的英國天才科學家牛頓（Isaac Newton，1642～1727）。

運動方程式

$$F = ma$$

力　質量　加速度

導出單位的名稱	單位符號	僅用基本單位的表示方法	用其他SI單位的表示方法
牛頓	N	$kg \cdot m \cdot s^{-2}$	

移動的話，就必須要有更大的力。也就是說，物體的質量與以固定加速度使其移動之力的大小成正比。

當施加的力越大，物體移動的程度也越大（加速度變大），即力與加速度成正比關係。**綜上所述，可將施加在物體上的力、物體的質量、產生的加速度這三者的關係整理成「力＝質量×加速度」**。該公式就名為「運動方程式」（equation of motion）。

以相同的力推動時，質量較小的乒乓球比較容易移動（加速度較大）。

用來表示力與能量等的導出單位

表示壓力強度的「帕斯卡」

在天氣預報中會聽到的百帕

壓力是用於表示施加在單位面積上的力的大小。即使是相同的力，比起施加在廣大面積上時，施加在狹小面積上時的壓力會更大。可以設想以下情況：被穿著寬底鞋的人踩到腳，以及被穿著尖頭高跟鞋的人踩到腳時，即便兩者所施的力相同，後者仍會帶來較大的壓力與疼痛。

在國際單位制中，表示壓力的單位是「帕斯卡」（Pa，Pascal）。1帕斯卡代表1N的力施加在1 m^2的面積上時的壓力。在氣象預報中常聽到的氣壓單位「百帕」（hPa，hectopascal）則代表100倍帕斯卡的壓力大小。

壓力的單位與力的單位都是近年才改用國際單位制。直到現在，不同的研究領域在表示壓力時，仍會出現許多使用不同單位的情形。

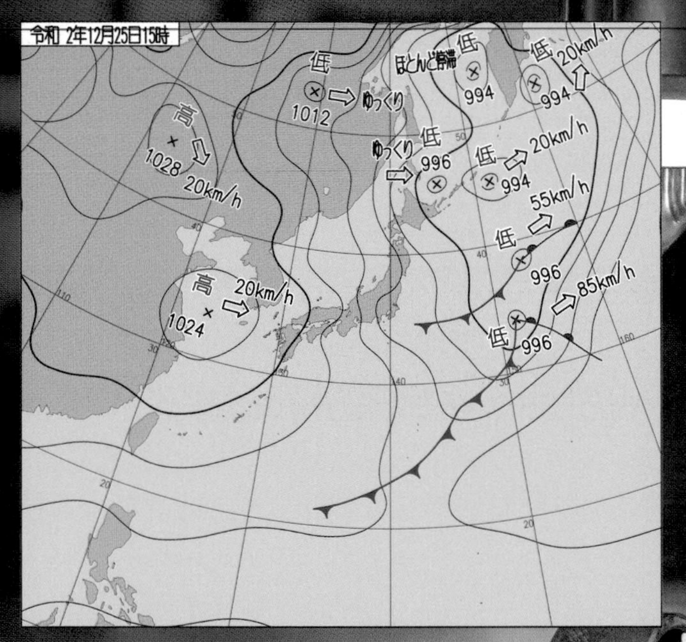

上圖是以日本的氣象圖為例。圖中省略了單位符號，但是高氣壓與低氣壓的單位皆為百帕（hPa）。

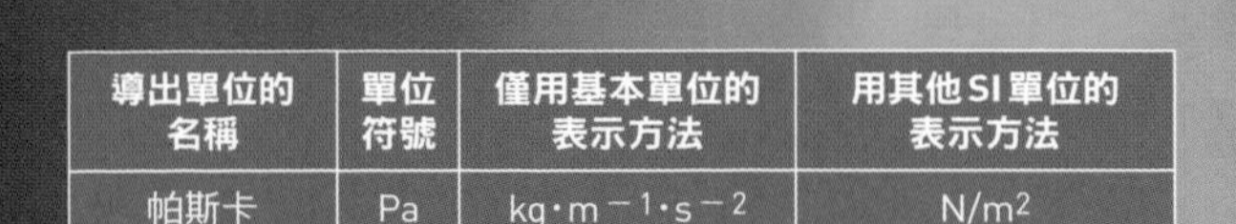

導出單位的名稱	單位符號	僅用基本單位的表示方法	用其他SI單位的表示方法
帕斯卡	Pa	$kg \cdot m^{-1} \cdot s^{-2}$	N/m^2

20
10
30
0
40
kPa
IP 53
№0219952

用來表示力與能量等的導出單位

能量的單位「卡」與「焦耳」

能夠表示一切能量大小的單位

接下來，要介紹能量的單位「卡」（cal，calorie）與「焦耳」（J，Joule）。

卡是以我們最熟悉的物質──水──為基準定義而來的單位。**1卡是在1個標準大氣壓（1 atm）下，使1公克的水溫度上升1℃所需的能量（熱量）。**

然而這會產生一個問題：嚴格來說，雖然同樣都是1卡，但溫度上升

1卡（cal）的熱量

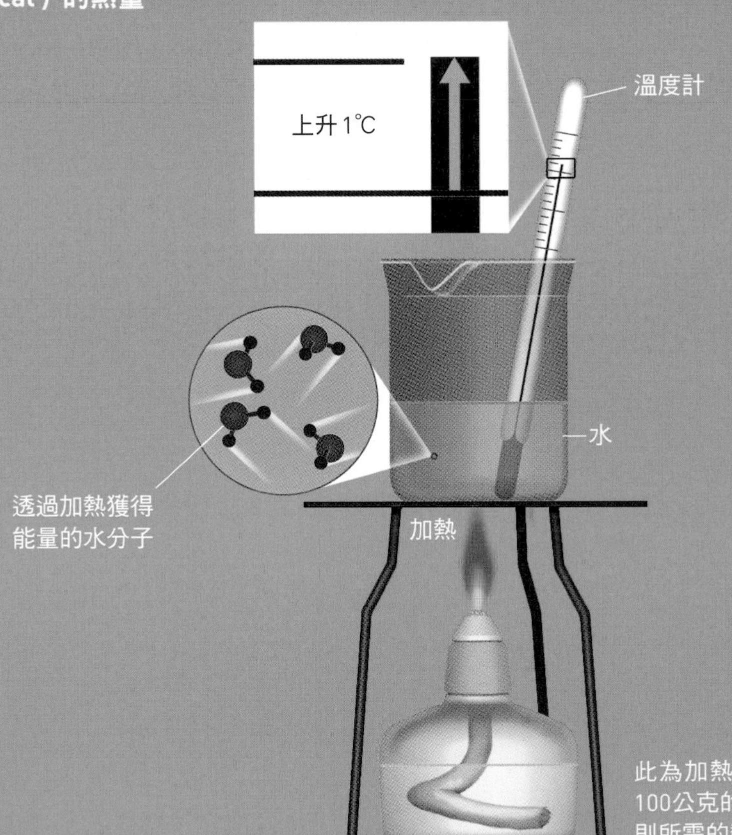

此為加熱水的示意圖。假設要讓100公克的水從10℃上升到11℃，則所需的熱量約為100卡。

導出單位的名稱	單位符號	僅用基本單位的表示方法	用其他SI單位的表示方法
卡	cal		4.184J

1℃所需的能量卻會因為水的原始溫度而有所不同。有鑑於此，在1948年的國際度量衡大會中，決議使用「焦耳」（J）作為能量的單位。

1 焦耳是以 1 牛頓的力將物體推動 1 公尺所需的能量。我們在推動貨物時所使用的能量可以用「力×距離（N・m）」來表示。力的單位為牛頓（N），而距離的單位為公尺（m）。焦耳是能用於表示一切能量的單位。

如果要讓物體在地板上移動，則物體的動能會因為與地板摩擦而轉換為熱能。此時，能量的總和不會改變且保持恆定，這就是所謂的「能量守恆定律」（law of conservation of energy）。

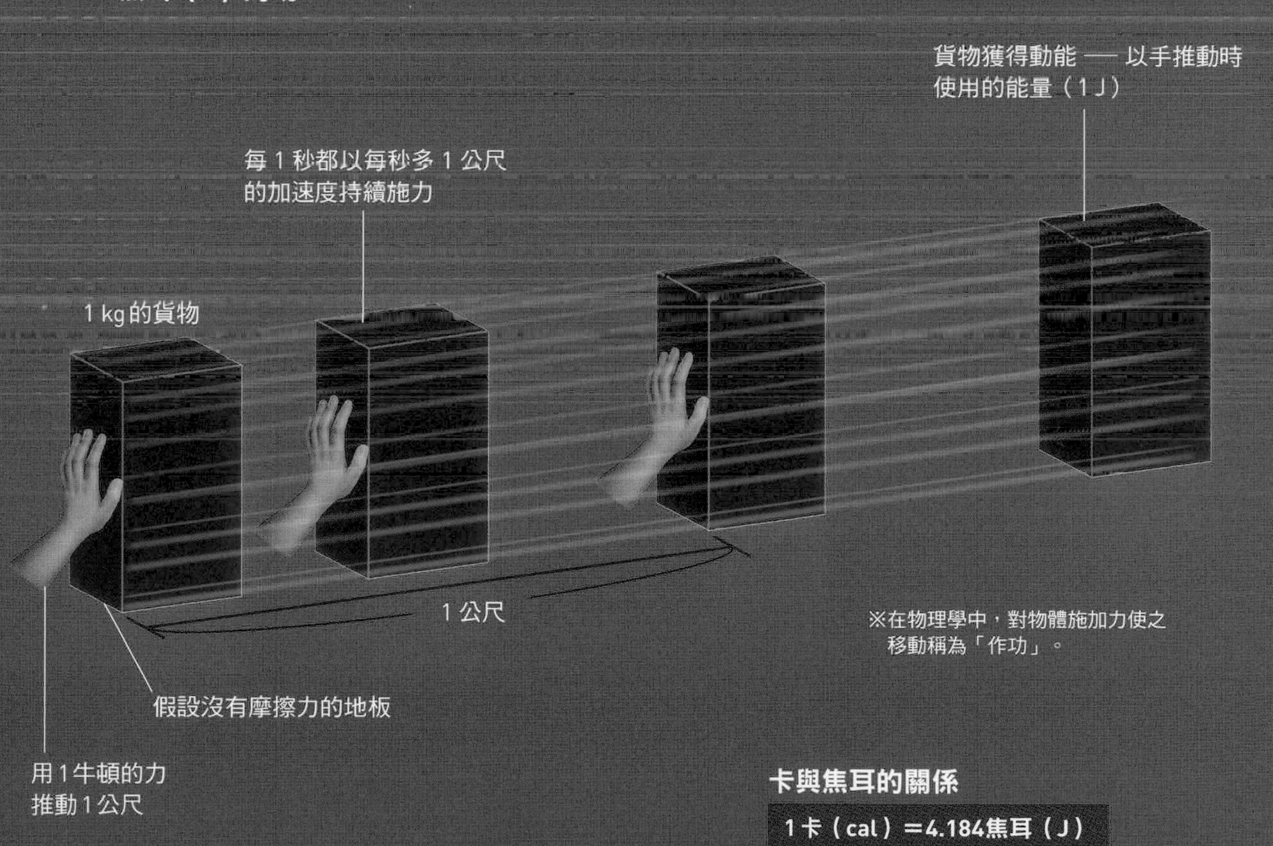

※在物理學中，對物體施加力使之移動稱為「作功」。

卡與焦耳的關係

1卡（cal）=4.184焦耳（J）

導出單位的名稱	單位符號	僅用基本單位的表示方法	用其他SI單位的表示方法
焦耳	J	$kg \cdot m^2 \cdot s^{-2}$	N・m

用來表示力與能量等的導出單位

「瓦特」是表示功率的單位

了解 1 秒內消耗的能量多寡

在家用電器上記載的「瓦特」（W，Watt）是表示功的效率（在物理學中稱為「功率」）的單位，代表在 1 秒內消耗了多少焦耳的能量。1 瓦特是指在 1 秒內消耗（作功）1 焦耳的能量。

舉例來說，100瓦特的電燈泡就是在 1 秒內將100焦耳的電能轉換成光與熱能。

若將瓦特的值乘上使用時間（秒），

功率的單位「瓦特」也能用於表示電力

功率的單位「瓦特（W）」也可以作為家用電器的電力單位。電力可以用電壓（V）×電流（A）計算而得。當電壓與電流越大，驅動馬達或加熱這類作「功」的能力也越高。不過，消耗的能量（電量）也會隨之增加。

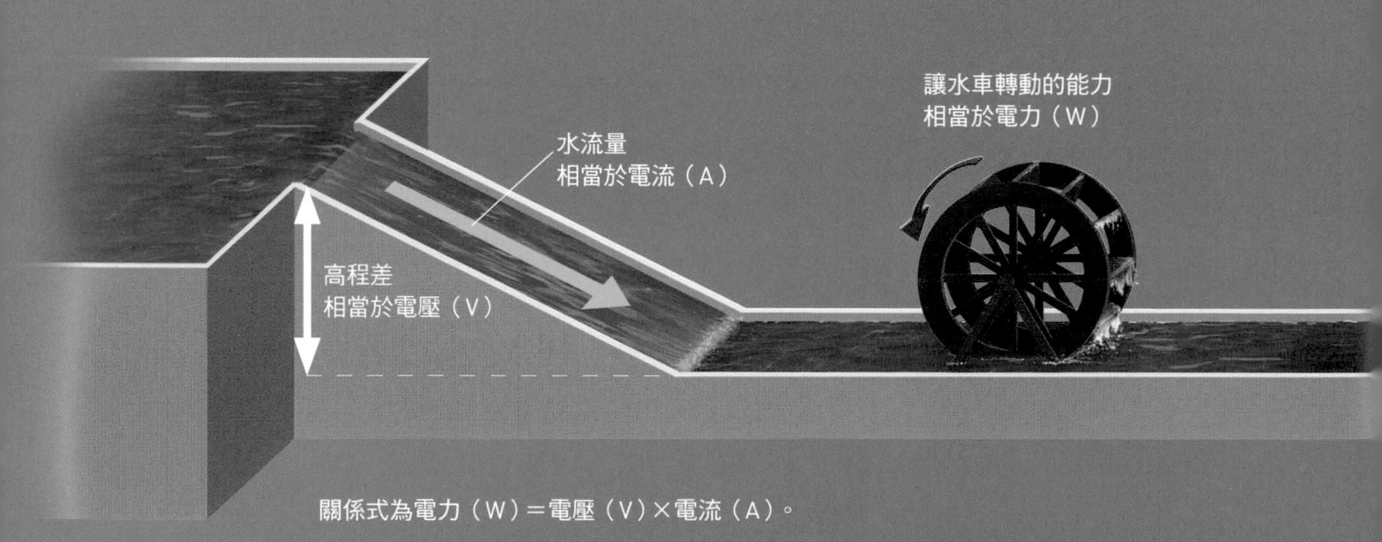

關係式為電力（W）＝電壓（V）×電流（A）。

導出單位的名稱	單位符號	僅用基本單位的表示方法	用其他SI單位的表示方法
瓦特	W	$kg \cdot m^2 \cdot s^{-3}$	J/s

就能以焦耳為單位求出消耗的能量。例如，設定微波爐以1000瓦特運轉 1 分鐘（60秒）的話，則消耗的能量為 6 萬焦耳（60千焦耳）。

此外，如果將瓦特的值乘上使用時間（小時），就能以「瓦時」（Wh，watthour）為單位求出消耗的能量。1 瓦時是指以 1 瓦特的功率作功 1 小時所消耗的能量。各家庭用戶的電費基本上都是依瓦時的值而定。

我們 1 天會從食物當中攝取約2000大卡（8368千焦耳）的能量，相當於把在 1 秒內消耗100焦耳能量的100瓦特電燈泡，點亮約23小時15分鐘（將近 1 天）所需的能量。人類 1 天當中攝取的能量，幾乎等同於100瓦特電燈泡點亮 1 天所消耗的能量。

約8368千焦耳

以1卡＝4.184焦耳換算

100瓦特電燈泡點亮
約23小時15分鐘

物體的重量會因緯度而改變

物體的「重量」是指作用於物體上的「重力大小」。實際上，這個重量（重力大小）會因為緯度而有所變化。原因在於重力是萬有引力與離心力的合力。

地球的自轉會使我們受到離心力的影響。離心力是指將物體朝外投射出去的力。離心力在自轉速度最快的赤

重力的大小會因緯度而變化

重力可以表示為萬有引力與離心力的合力。萬有引力在地球上的任何地方均固定，但是離心力距離赤道越近就會變得越大。因此，重力距離赤道越近就會變得越小。

離心力

萬有引力

重力

重力的方向並非朝向地球的重心

離心力

重力

萬有引力

道上最大，越往南北極移動就會變得越小。因此，重力在赤道上最小，而越往南北極移動就會變得越大。

也就是說，即便是用彈簧秤測量相同的砝碼，其重量也會因為緯度而有所變化。舉例來說，在赤道上100公斤重的物體，在北極就會變成100.51公斤。儘管只是0.5%左右的變化，可一旦需要精密的數值時，這樣的差異就無法忽略不計了。

然而，這是以彈簧秤來測量的狀況。如果是以天平進行測量的話，由於左右兩邊托盤所受的重力相同，因此無論是在赤道還是北極其數值都會相同。

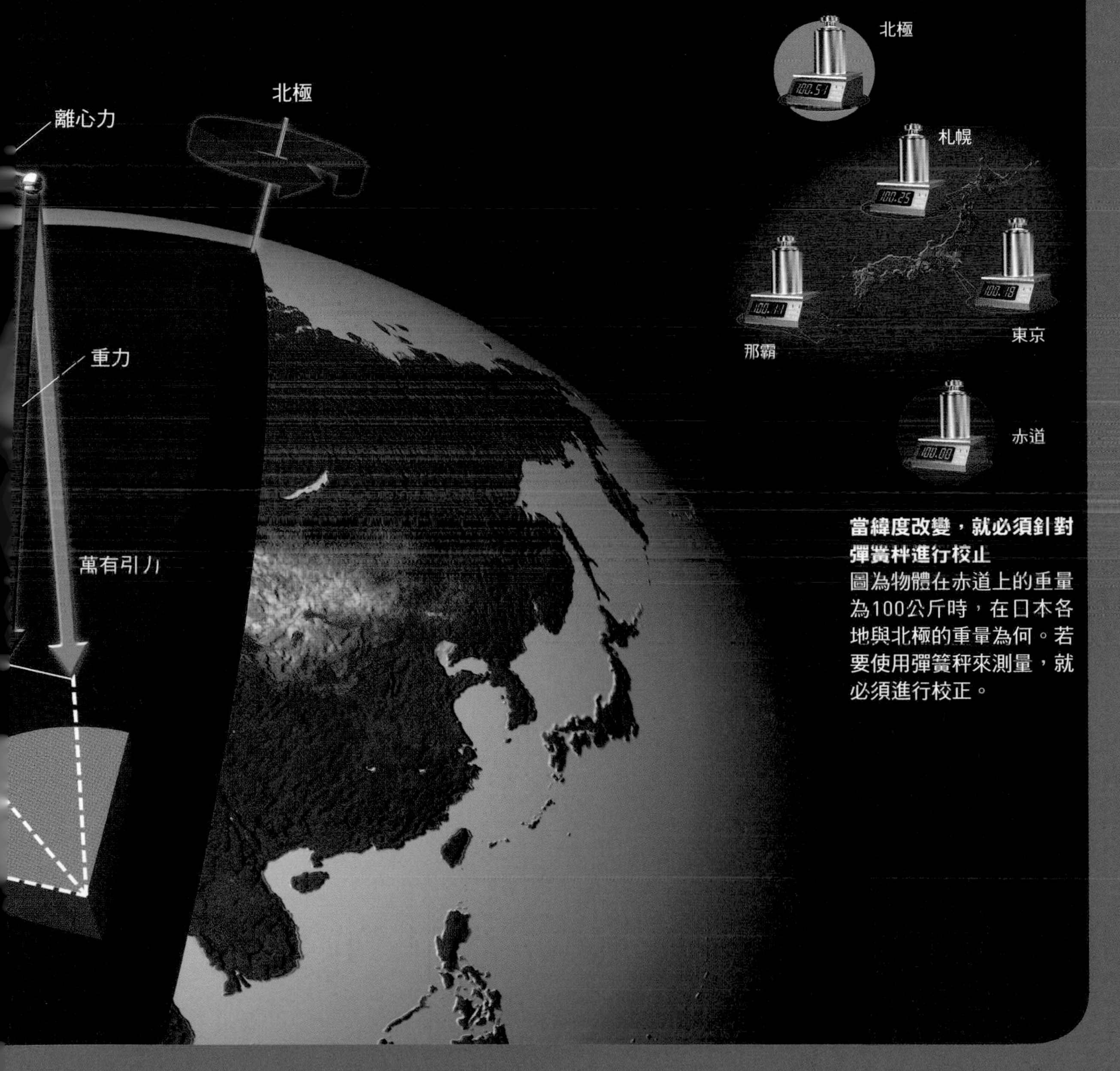

當緯度改變，就必須針對彈簧秤進行校正
圖為物體在赤道上的重量為100公斤時，在日本各地與北極的重量為何。若要使用彈簧秤來測量，就必須進行校正。

用來表示電與磁力等的導出單位

與電相關的兩種單位

表示電量的庫侖與表示電容的法拉

接下來看看與電及磁力相關的導出單位吧。首先是「庫侖」（C，Coulomb）以及「法拉」（F，Farad）。

呈現電中性的原子，是由帶正電的質子與帶負電的電子所構成。由原子組成的粒子等物體所攜帶的電的量，就稱為「電量」（電荷）。電量的單位為庫侖。質子與電子的電量其絕對值相同，均為$1.602176634 \times 10^{-19}$ C，數值極小。不過，質子的值會加上正號，而電子的值則會加上負號。

「電容」（capacitance）是表示儲電裝置──電容器（capacitor）──能夠儲存的電量多寡。電容是將被儲存的電量除以電壓計算而得，其單位為法拉。1 法拉是施加 1 伏特的電壓時，1 庫侖的電荷所能儲存的電容。

原子的構造

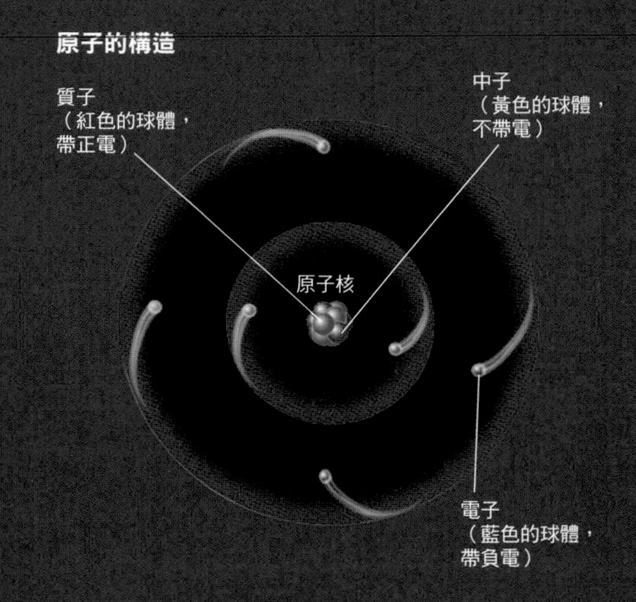

導出單位的名稱	單位符號	僅用基本單位的表示方法	用其他SI單位的表示方法
庫侖	C	A·s	
法拉	F	$kg^{-1} \cdot m^{-2} \cdot s^{4} \cdot A^{2}$	C/V

何謂電容器

電容器是一種能夠儲存、釋放電的電子元件，且被廣泛運用在各種領域，例如排列於指紋辨識的儀器上。當手指靠近電容器的電極時，各電極的電容會根據與手指表面凹凸紋路的距離，產生相當微小的變化 —— 當手指離得越近電容就會變得越大。指紋辨識的儀器就是透過檢測這種變化來識別指紋。

電容器的基本構造

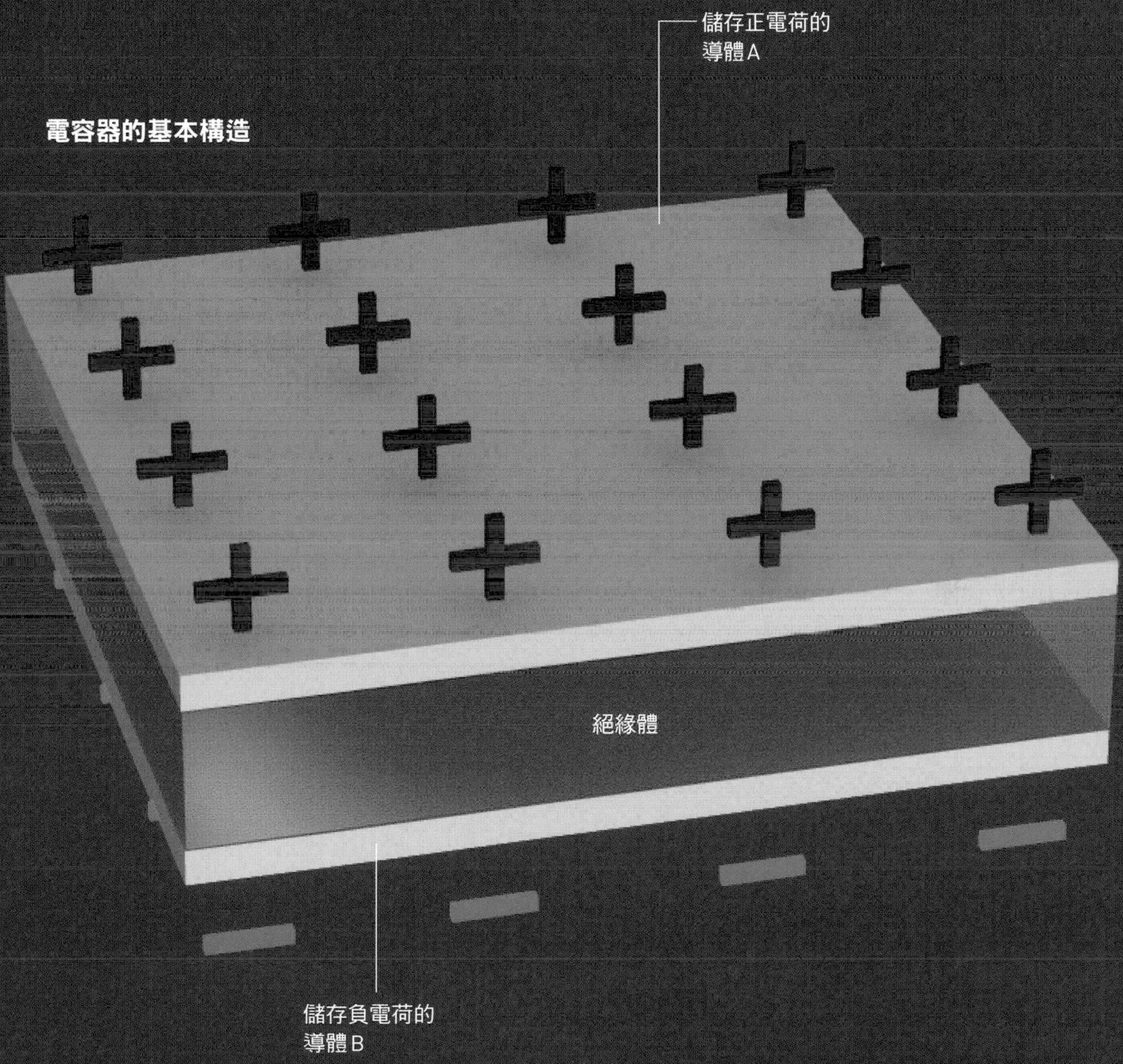

用來表示電與磁力等的導出單位

「伏特」是使電流流動的功的大小

電壓是表示電流流動的「坡道」高低差

電壓單位是「伏特」(V，Volt)。河川的水是從高處往低處流，而電流同樣也會從高的地方往低的地方流。然而，決定電流方向的高度在於「電位」(electric potential)的高低，而非標高的高低。電位就是透過線路位置所帶來的單位電荷的能量，越接近正極則電位越高。

某處與某處之間的電位差稱為「電壓」，其單位為伏特。1 伏特是當 1

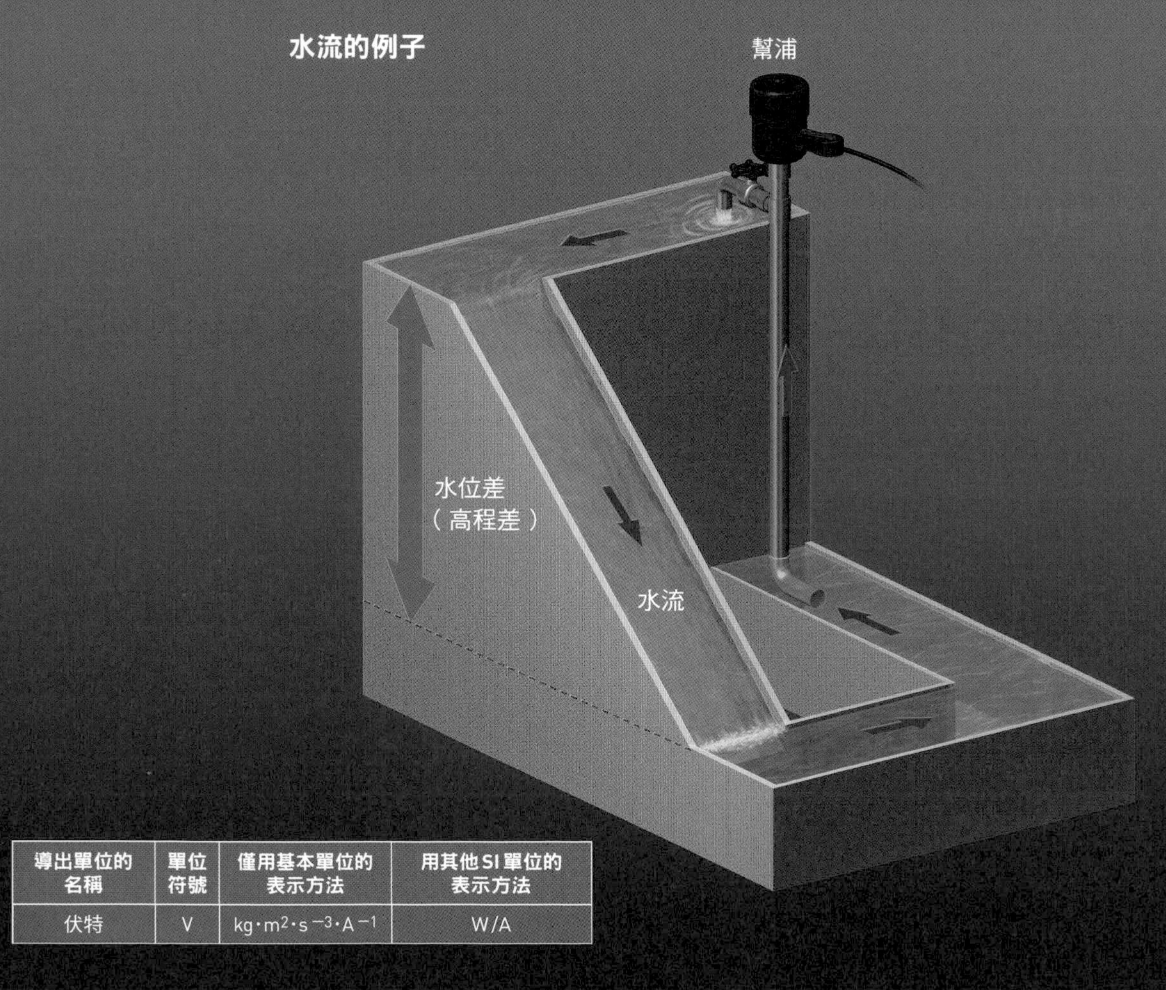

導出單位的名稱	單位符號	僅用基本單位的表示方法	用其他 SI 單位的表示方法
伏特	V	$kg \cdot m^2 \cdot s^{-3} \cdot A^{-1}$	W/A

安培的電流通過導線並消耗 1 瓦特電力時，導線兩端的電位差。電壓越高（電位差越大），使電流流動的功就越大。

那麼，電壓是如何產生的呢？產生電壓的裝置正是電池以及發電機。電池正極的電位比負極還要高，因此，如果將兩極以線路相連起來，電流就會透過線路從電位高的正極流向電位低的負極。

若以水為例來形容電壓與電流的關係，會比較容易理解

就像水會從高處流向低處一樣（左頁圖），電流也具有從電位高處流向電位低處的性質（右頁圖）。左頁圖中所繪的幫浦是產生水位高低差的原動力，而產生電壓的原動力則是電池以及發電機等。

電壓的示意圖

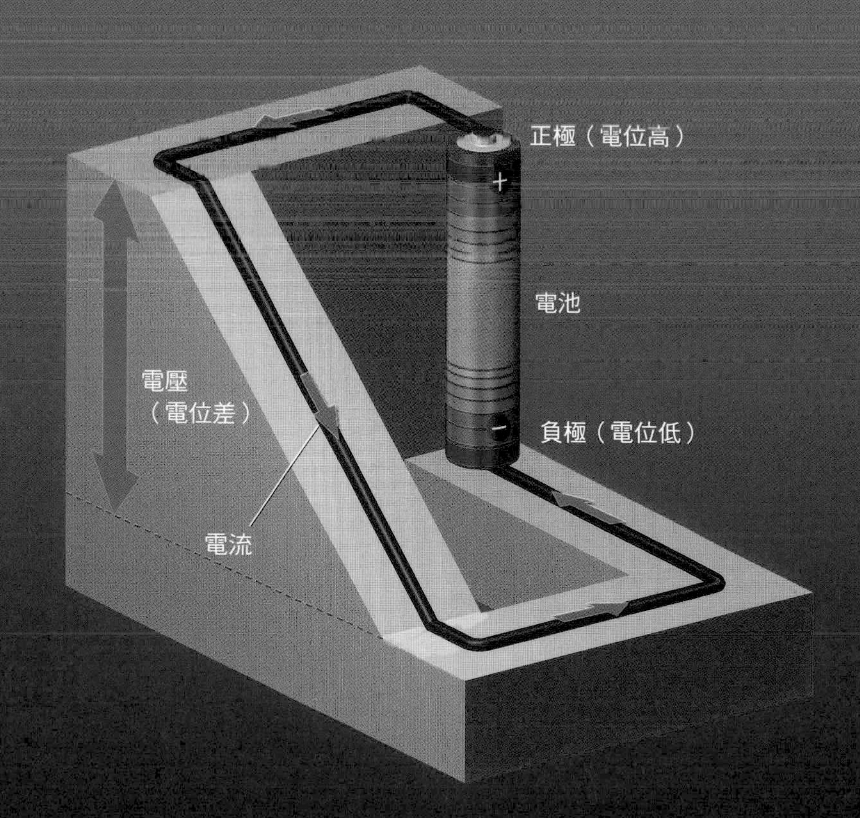

用來表示電與磁力等的導出單位

表示電流流動困難度的「歐姆」

歐姆的倒數「西門子」表示電流流動的容易度

現在來看看「歐姆」（Ω，Ohm）與「西門子」（S，Siemens）這兩個單位吧。

歐姆是用來表示電流流動困難度的單位。

金屬原子會不斷地振動，且當溫度變得越高就振動得越劇烈。而失去了自由電子且帶正電的金屬原子在振動時，帶負電的自由電子其移動順暢度就會受到阻礙。此時，電子的部分動

妨礙電流流動的電阻

電流的流動，也就是帶負電荷之自由電子的流動，會因為振動的金屬原子而受到妨礙。

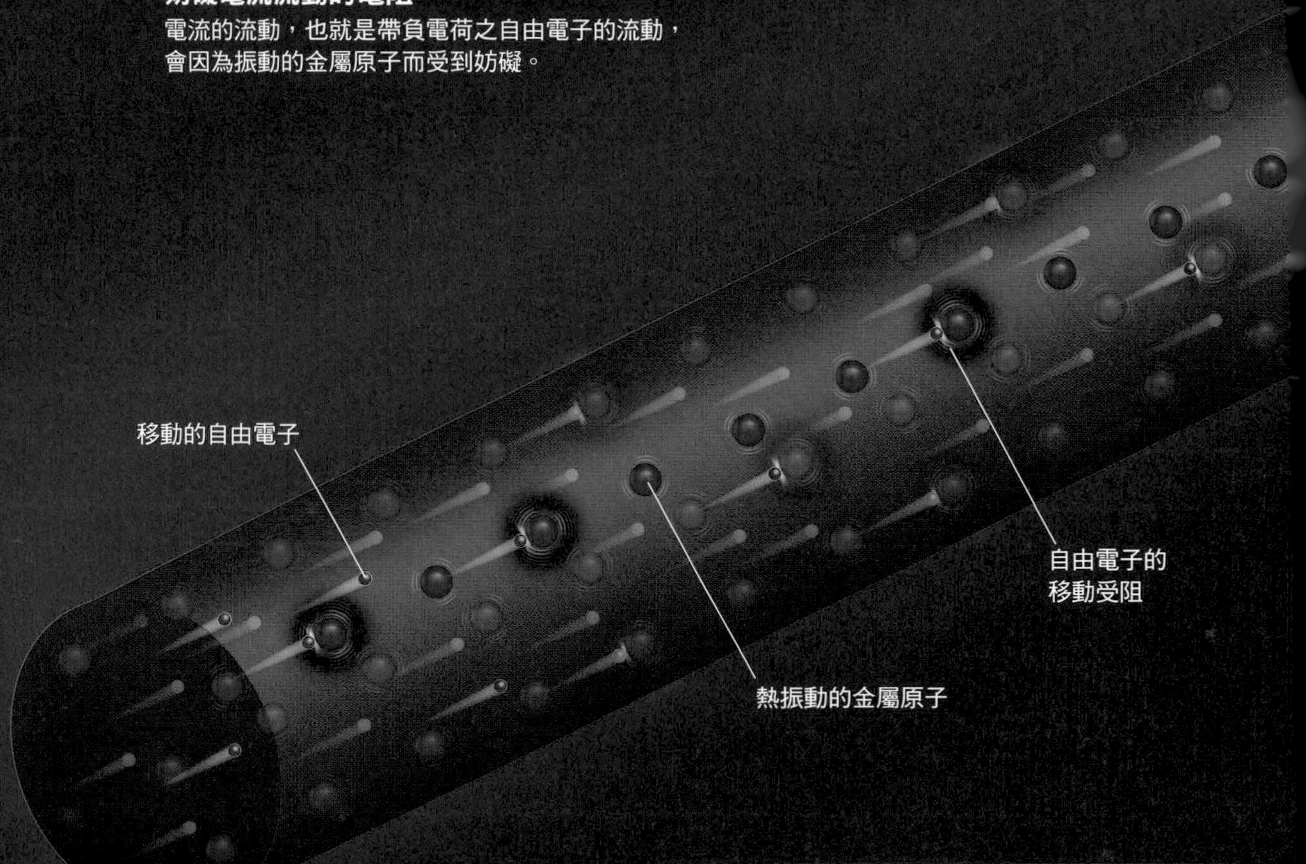

導出單位的名稱	單位符號	僅用基本單位的表示方法	用其他SI單位的表示方法
歐姆	Ω	$kg \cdot m^{2} \cdot s^{-3} \cdot A^{-2}$	V/A
西門子	S	$kg^{-1} \cdot m^{-2} \cdot s^{3} \cdot A^{2}$	A/V

能會作為金屬原子振動的能量，這就是造成電流受阻的原因。

電流流動的困難度稱為「電阻」（electric resistance），其單位為歐姆。1 歐姆是「1 安培的直流電電流通過導體上 2 點間的電壓為 1 伏特時，2 點間的電阻」，其中運用了電流與電壓來進行定義。

與電阻相反，也有表示電流流動容易度的單位。電流流動的容易度名為「電導」（electric conductance）。電導的值為電阻的倒數，其單位為西門子。

電阻會因為輸電所使用的導線長度、粗細與材質而改變

電線長時，電力損失較多

短電線

長電線

電力損失多

當 2 條相同材質、相同粗細的電線一長一短時，電線越長則損失的電力越多（電阻大）。

電線粗時，電力損失較少

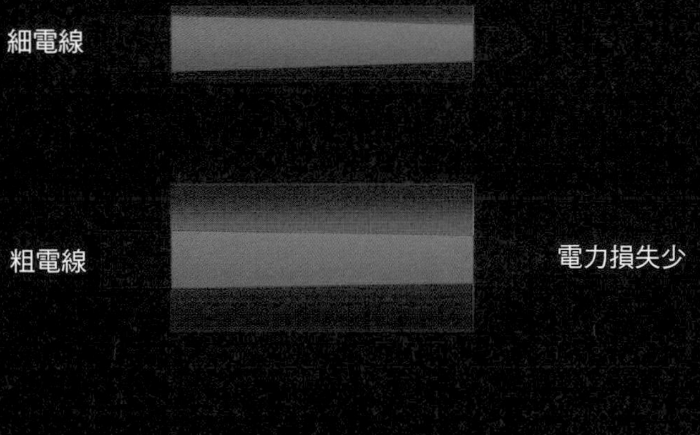

細電線

粗電線

電力損失少

當 2 條相同材質、相同長度的電線一粗一細時，粗電線的輸電損失較少（電阻小）。

用來表示電與磁力等的導出單位

與磁力相關的單位「韋伯」與「特士拉」

表示磁通量強度的韋伯與表示磁通量密度的特士拉

再來看看「韋伯」(Wb，Weber)與「特士拉」(T，Tesla)吧。

若在磁鐵的周圍撒上鐵砂，鐵砂就會沿著「磁力線」排列。磁力線顯示出磁力能夠作用之空間（磁場）的方向性，從 N 極出來並進入 S 極。磁力線在磁力強大的磁鐵兩端附近（磁極）最為密集，而磁力線的數目就稱為「磁通量」(magnetic flux)。

表示磁通量強度的單位為韋伯。

磁鐵與鐵砂構成的磁力線

導出單位的名稱	單位符號	僅用基本單位的表示方法	用其他SI單位的表示方法
韋伯	Wb	$kg \cdot m^2 \cdot s^{-2} \cdot A^{-1}$	V·s
特士拉	T	$kg \cdot s^{-2} \cdot A^{-1}$	Wb/m^2

1 韋伯的定義為「在 1 秒內將磁通量降為 0 時，在該處產生 1 伏特電動勢（固定的電壓，electromotive force）的磁通量」。

另一方面，特士拉則是磁通量密度的單位，用於表示在單位面積上 1 韋伯的磁通量有多少。1 特士拉的定義為「與磁通量方向垂直且面積為 1 平方公尺的面上，1 韋伯的磁通量密度」。

磁力的強度以磁通量來表示

撒在磁鐵周圍的鐵砂會沿著磁力線排列出圖樣。像磁極這樣磁力線較為密集的地方，也是磁場中磁力作功最強的地方。將磁力線以數目來表示，就稱為「磁通量」。可以藉由磁通量的密度來了解在某個地點作功的磁場大小。

磁鐵製造之磁力線的示意圖
磁力線的方向固定從 N 極出、向 S 極進。

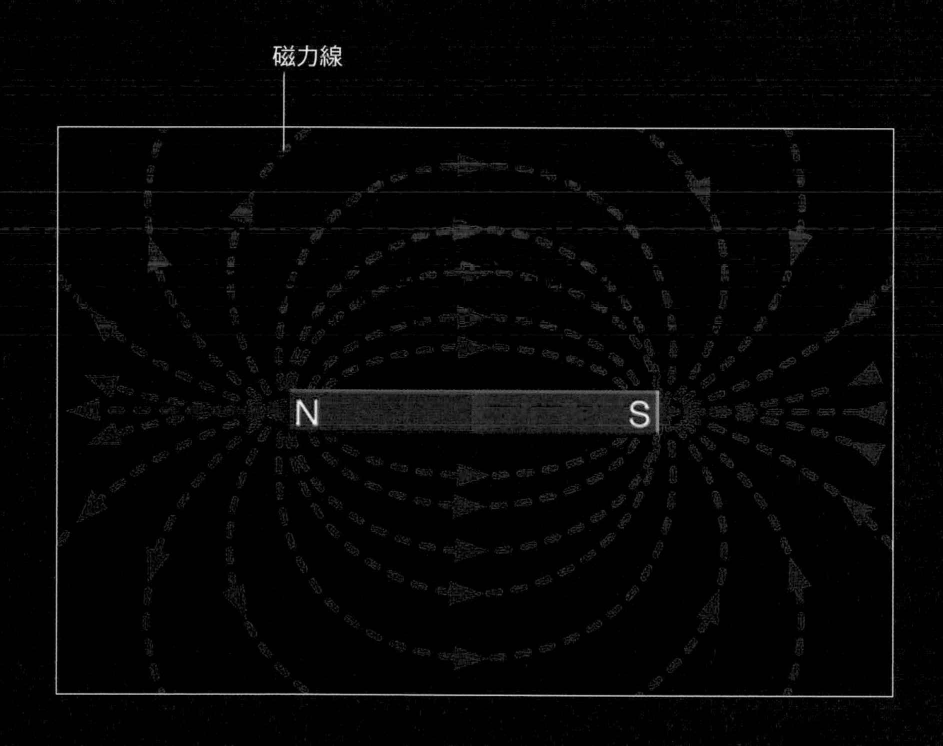

用來表示電與磁力等的導出單位

用於電磁感應的單位「亨利」

計算感應電動勢時所需的比例常數

若將磁鐵反覆靠近、遠離線圈，線圈就會產生感應電動勢（induced EMF），即便未使用電池也能產生電流，而該現象稱為「電磁感應」（electromagnetic induction）。

另一方面，如果改變在線圈中流動的電流，那麼貫穿線圈的磁通量也會隨之變動。於是在線圈的周圍就會根據磁場變化，產生新的感應電動勢。此外，這個感應電動勢會朝著阻礙原

導出單位的名稱	單位符號	僅用基本單位的表示方法	用其他SI單位的表示方法
亨利	H	$kg \cdot m^2 \cdot s^{-2} \cdot A^{-2}$	Wb/A

電磁感應

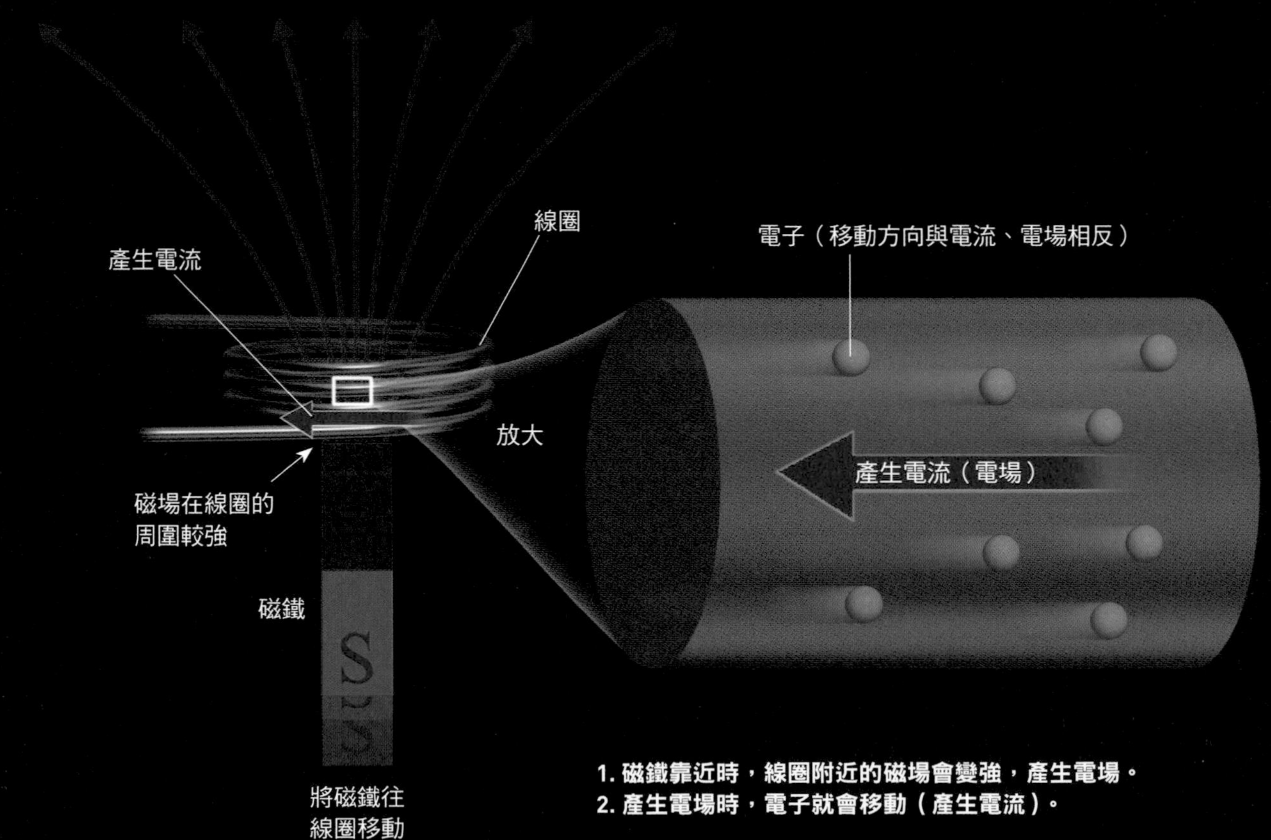

1. 磁鐵靠近時，線圈附近的磁場會變強，產生電場。
2. 產生電場時，電子就會移動（產生電流）。

始產生的電流流向作功，該現象稱為「自感」（self-inductance）。

在線圈上新產生的感應電動勢，是一（負號）比例常數乘以（電流變化／時間變化）的結果。負號表示感應電動勢阻礙電流變化的作功方向。此公式中的比例常數稱為該線圈的「自感」，以「亨利」（H，Henry）這個單位來表示。1亨利的定義為「當線圈內流通的電流每秒變化1安培，且在線圈上產生1伏特的感應電動勢時線圈的自感」。

電磁感應與電感

對著線圈移動磁鐵的位置時，就會產生電場（electric field），使電流開始流動（左頁圖）。另一方面，當電流有所改變時，貫穿線圈的磁通量也會隨之變化，進而產生新的電動勢，且會朝著阻礙原始電流流動的方向作功（右頁圖）。要計算這個電動勢的大小時，會運用到該線圈固有的比例常數 — 電感（inductance），其單位以「亨利」來表示。

線圈製造的磁場

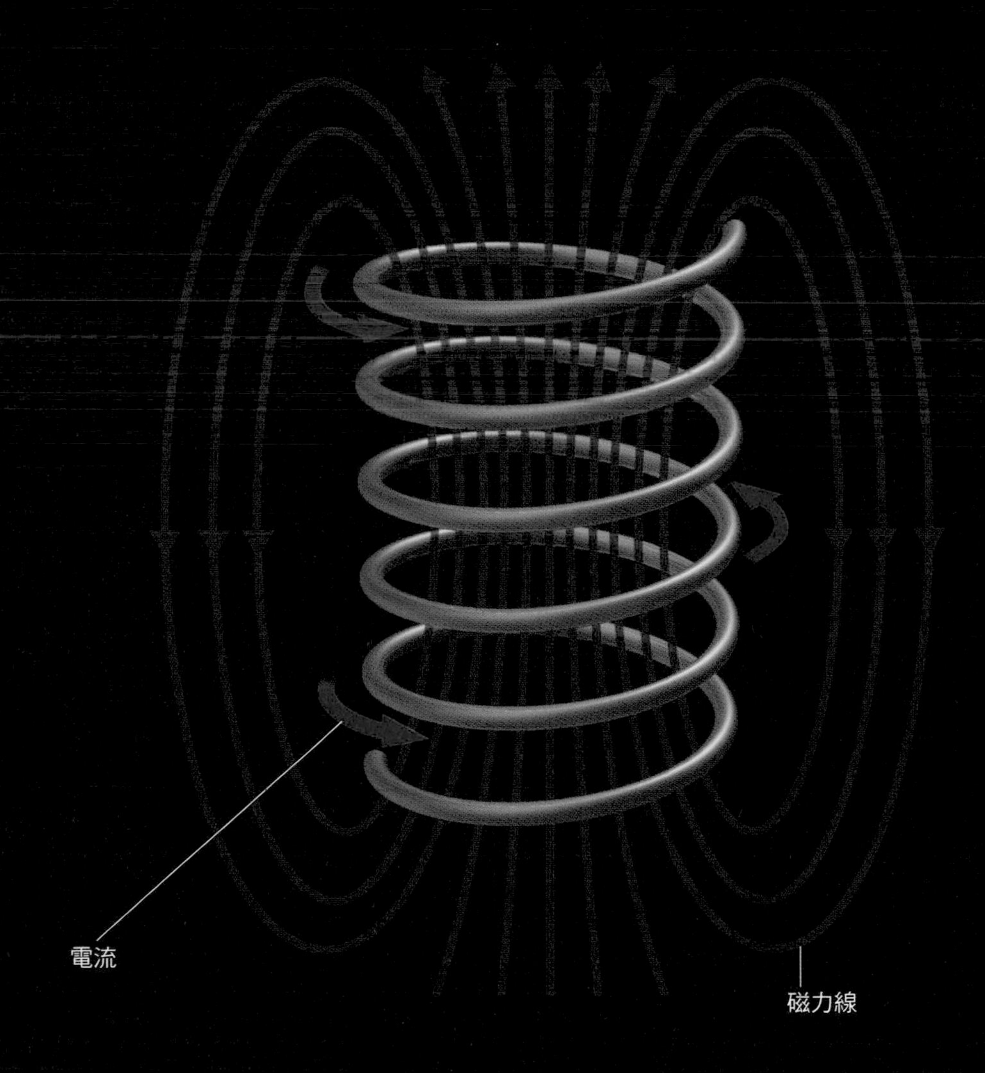

與光的亮度相關的兩種單位

表示光通量的「流明」與表示照度的「勒克司」

有時會在日光燈上看到「2000lm」之類的標示。lm是名為「流明」（lumen）的單位，代表日光燈本身的光亮程度（光源發出的光量），稱為「光通量」（luminous flux）。相對於第26頁所介紹的燭光是用來表示光朝某特定方向的強度（發光強度），流明代表的是從光源發出的光其整體的量。1流明的定義為「具有1燭光發光強度的光源朝1球面度立體角所發出的光通量」。

即便使用相同光亮程度的光源照明，離光源越近的物體會越亮，離光源越遠的物體會越暗。當某個平面受光時，該平面的光亮程度就稱為「照度」（illuminance），其單位為「勒克司」（lx，lux）。1勒克司是指「在1平方公尺的平面上以1流明的光通量均勻照射時的照度」。

照度與發光強度間有個重要定律：當一平面垂直受光時，其照度會根據該平面與光源距離的平方成反比而變暗。

照度與發光強度的關係

光源本身的光亮程度「發光強度」以及某個平面受光源發出的光照射時的光亮程度「照度」，兩者的關係如下：當與光源的距離變為2倍，則受光面積會變成其原始面積的平方，也就是2倍的平方——相當於4倍。因此，在該平面上的單位面積光亮程度會變成原本的4分之1。這個定律在計算與天體之間的距離等時會運用到。

導出單位的名稱	單位符號	僅用基本單位的表示方法	用其他SI單位的表示方法
流明	lm		cd·sr
勒克司	lx		cd·sr·m^{-2}、lm/m^2

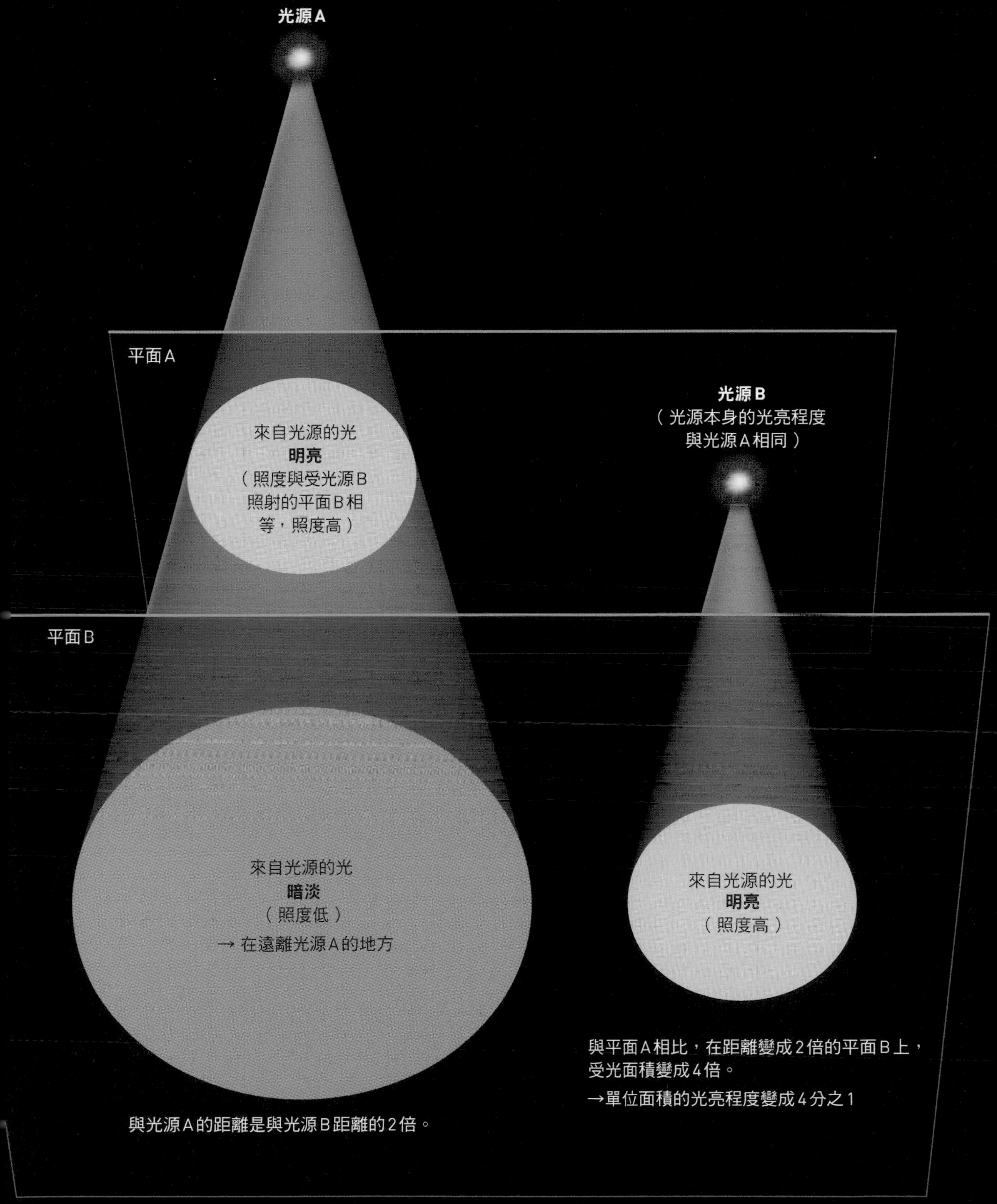

光源A

平面A

來自光源的光
明亮
（照度與受光源B照射的平面B相等，照度高）

光源B
（光源本身的光亮程度與光源A相同）

平面B

來自光源的光
暗淡
（照度低）
→ 在遠離光源A的地方

來自光源的光
明亮
（照度高）

與平面A相比，在距離變成2倍的平面B上，受光面積變成4倍。

→單位面積的光亮程度變成4分之1

與光源A的距離是與光源B距離的2倍。

用來表示電與磁力等的導出單位

與化學反應相關的單位「開特」

表示促進化學反應的能力有多少

我們體內時常在進行各式各樣的化學反應，像是分解食物、排毒等。這些化學反應之所以得以順利進行，有賴於能夠促進特定化學反應的蛋白質——「酶」（酵素，enzyme）。

唾液中分解澱粉的「澱粉酶」（amylase）、胃液中分解蛋白質的「胃蛋白酶」（pepsin）等都是酶的一種。此外，生病時服用的藥物或是清潔劑等，也都是與酶相關的應用。

酶會作用於哪些物質（受質，substrate）是根據酶的種類而定。此外，酶作用於受質並促進化學反應的能力是以「酶活性」（enzyme activity）來表示，其單位為「開特」（kat，katal）。開特是表示酶在固定時間內作用於多少受質的單位。1開特是指在1秒內酶促進1 mol受質之化學反應的能力。

促進化學反應的酶

右頁所示為酶作用於受質並產生其他物質的示意圖。酶的受質各有不同且固定，稱為「受質專一性」（substrate specificity）。「開特」就是表示在1秒內能夠促進多少量（mol）的受質產生化學反應的單位。

導出單位的名稱	單位符號	僅用基本單位的表示方法	用其他SI單位的表示方法
開特	kat	$mol \cdot s^{-1}$	

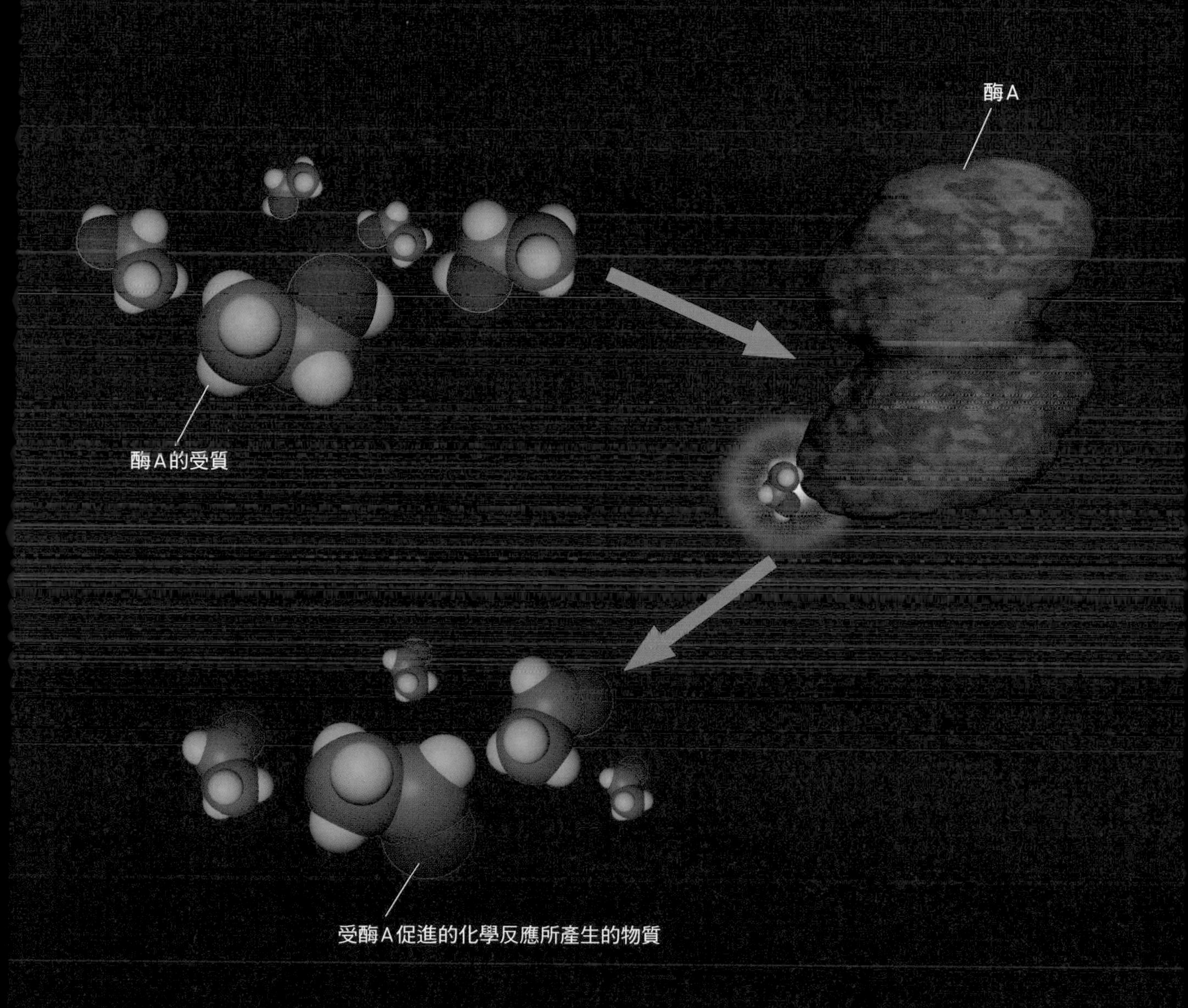
酶A
酶A的受質
受酶A促進的化學反應所產生的物質

用來表示電與磁力等的導出單位

與放射性衰變相關的三種單位

根據不同目的而使用的「貝克」、「戈雷」、「西弗」

接著介紹與放射性衰變相關的三種單位「貝克」（Bq，Becquerel）、「戈雷」（Gy，Gray）與「西弗」（Sv，Sievert）。

貝克是用來表示「放射性衰變」（radioactive decay）的強度單位。所謂放射性衰變，是指放射性物質的原子核分裂後放出放射線的能力。1 貝克代表在 1 秒內有一個放射性物質的原子衰變。

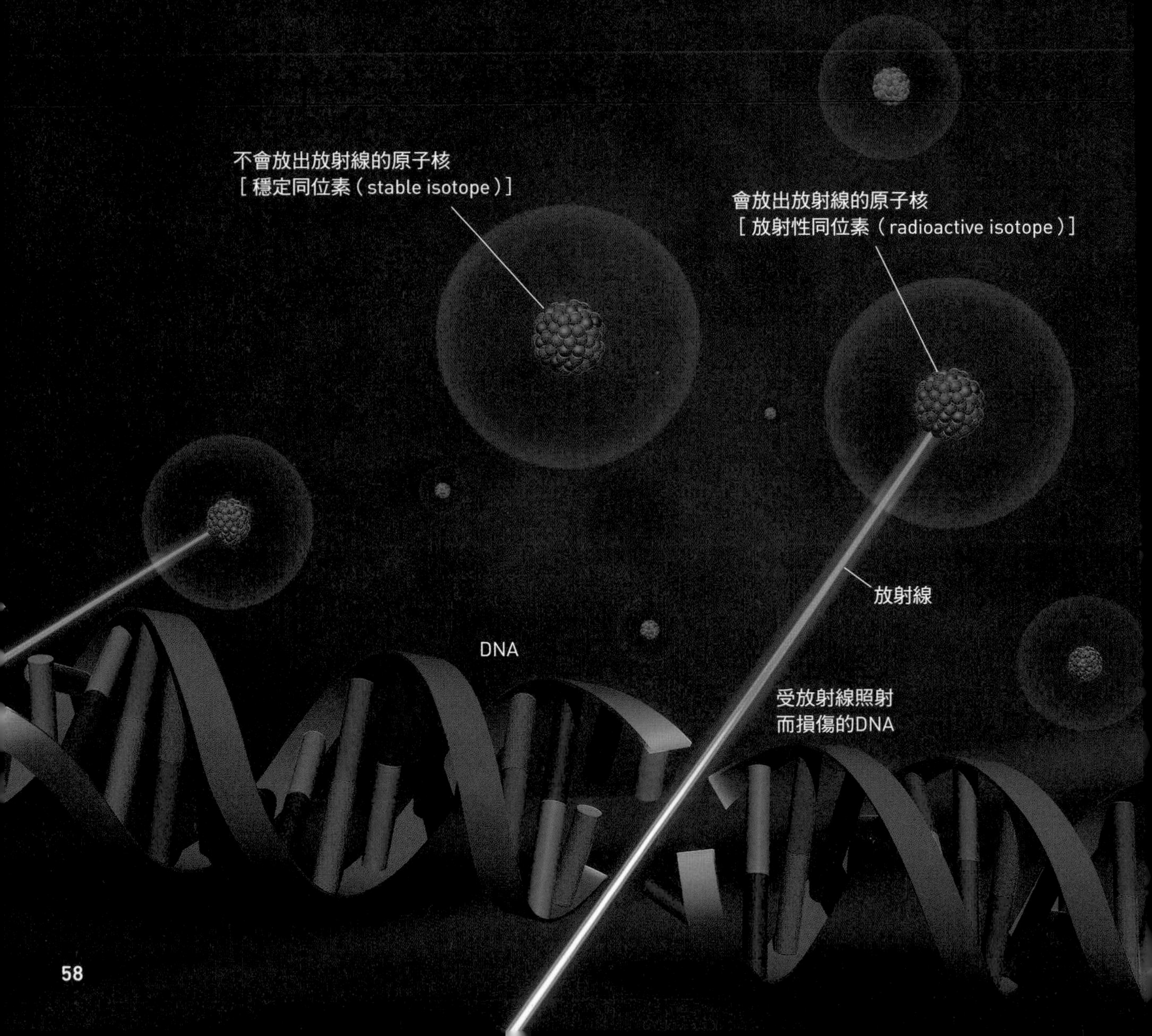

不會放出放射線的原子核
［穩定同位素（stable isotope）］

會放出放射線的原子核
［放射性同位素（radioactive isotope）］

放射線

DNA

受放射線照射
而損傷的DNA

另一方面，戈雷是「吸收劑量」（absorbed dose）的單位。吸收劑量表示周遭物體吸收到多少放射出來的放射線能量。1 戈雷是指 1 公斤物質吸收到相當於 1 焦耳能量時的吸收劑量。

而西弗則是「等效劑量」（dose equivalent）的單位。等效劑量表示放射線對生物的影響。放射線對生物造成的影響，不光是依吸收到的放射線量而定。等效劑量是以吸收劑量乘上將放射線種類納入考量的係數計算而得。

放射線有傷害DNA的危險性

用於表示放射性物質的量、被物體吸收的放射線能量的量、以及吸收到的放射線能量對生物造成的影響程度等的單位，皆由國際間共同決定。

Bq、Gy、Sv的關係

「貝克（Bq）」是 1 秒內衰變並放出放射線的原子數目。當放射線照射到物體，該物體每 1 公斤吸收到的能量為「戈雷（Gy）」。而將根據放射線種類對生物造成的影響差異與戈雷相乘後，則可以求出「西弗（Sv）」。一般來說，貝克會以面積・體積・質量來表示，西弗則會以每時間單位來表示。

Bq 貝克

1 秒內衰變的放射性物質的原了數目

Gy 戈雷

吸收到的能量

Sv 西弗

對生物的影響程度

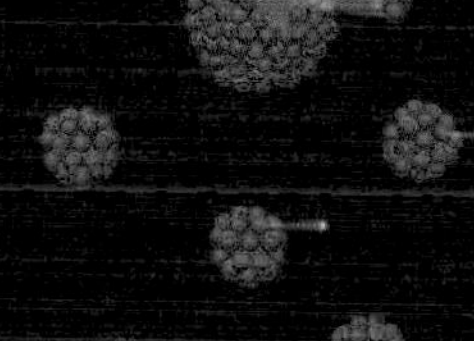

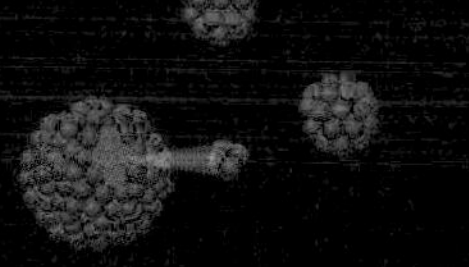

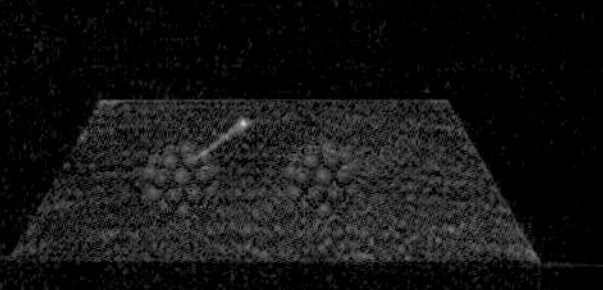

Bq/m²
（每1平方公尺）

Bq/L
（每1公升）

Bq/kg
（每1公斤）

Sv/h
（每1小時）

Sv/年
（每1年）

「mega」與「giga」是什麼意思？

在國際單位制中，長度的基本單位是「公尺（m）」，質量則是「公斤（kg）」。然而實際上，有時候仍會碰到測量數值遠比這些國際單位還要大上許多，或是小之又小的情況。為了表示這樣的量，常見的作法為在國際單位之前加上前綴詞。

乘數	名稱	符號
10^{1}	deca（十）	da
10^{2}	hecto（百）	h
10^{3}	kilo（千）	k
10^{6}	mega（百萬）	M
10^{9}	giga（十億）	G
10^{12}	tera（兆）	T
10^{15}	peta（千兆）	P
10^{18}	exa（艾）	E
10^{21}	zetta（皆）	Z
10^{24}	yotta（佑）	Y

舉例來說，要表示1000公尺（10^3公尺）的時候，就在m之前加上前綴詞「kilo（k）」，使其變成「kilometer（km）」，便能作為單位來使用，以1公里（km）來表示。

近來，也會聽到一些用於表示電腦或智慧型手機記憶體容量的巨大數值，像是「mega（M）」或「giga（G）」，甚至還有「tera（T）」。還有一些則代表了極小世界的數值，像是「微（μ）」、「奈（n）」、「皮（p）」這類字詞也經常運用於生活當中。

乘數	名稱	符號
10^{-1}	deci（分）	d
10^{-2}	centi（厘）	c
10^{-3}	milli（毫）	m
10^{-6}	micro（微）	μ
10^{-9}	nano（奈）	n
10^{-12}	pico（皮）	p
10^{-15}	femto（飛）	f
10^{-18}	atto（阿）	a
10^{-21}	zepto（介）	z
10^{-24}	yocto（攸）	y

非國際單位制的特殊單位

地震的「震度」與「規模」

震度表示「搖晃程度」，規模表示「地震的規模」

接下來看看用於特定領域的特殊單位吧。本單元將介紹地震時會使用的「震度」(seismic intensity)與「規模」(M，magnitude)。

震度是表示各地搖晃程度的等級，總共有10個等級。由於地震的搖晃程度會因為地盤狀況等條件而改變，所以即便是距離相近的地方，有時也會出現震度相差 1 級左右的情形。

另一方面，規模則是表示地震規模大小的基準。規模是根據地震儀的紀

震度分級

震度	狀況
0	人感覺不到搖晃。
1	人在屋內靜止時可能感覺到微小搖晃。
2	在屋內靜止的人大部分會感覺到搖晃。
3	在屋內靜止的人幾乎都會感覺到搖晃。
4	幾乎所有人都會受到驚嚇。吊燈等吊掛物品會大幅搖晃。不穩固的物品可能會傾倒。
5 弱	大部分的人會感到恐怖，並想抓扶物體。櫃子上的碗盤或書可能會掉落。未固定的家具可能會移動，不穩固的物品甚至會傾倒。
5 強	不抓扶物體就難以行走。櫃子上的碗盤或書本大多會掉落。未固定的家具可能會傾倒。未補強的水泥磚牆可能會崩壞。
6 弱	難以站立。未固定的家具大多會移動，甚至傾倒。門可能會打不開。牆壁的磁磚或玻璃窗可能會破損、掉落。耐震性低的木造建築屋瓦可能會掉落，建築物可能會傾斜或倒塌。
6 強	靠爬行才能移動。可能會被甩晃。未固定的家具幾乎都會移動，物品大多會傾倒。耐震性低的木造建築大多會傾斜或倒塌。地面可能會出現大裂縫，發生大規模的坍塌或山崩。
	耐震性低的木造建築傾斜或倒塌的情況變得更多。耐震性高的木造建築也有些微機率傾斜。耐震性低的鋼筋水泥建築物大多會傾倒。

截至1996年為止，有超過110年以上的時間是靠人的體感來決定地震震度。其後，日本的氣象廳才根據地震儀測量結果發表震度。上方所列的震度分級表是日本獨有的指標，不過臺灣採用的分級與之相去無幾。而在其他國家，則是採用「修訂麥卡利震度分級」(modified Mercalli intensity scale)等其他的震度分級。

錄計算而來。

目前，在各類地震規模標度中公認最標準的是「地震矩規模」（Mw，moment magnitude scale）。因為是透過推算岩盤在多大範圍內移動了多少幅度來計算出數值，所以更能正確地表示地震的規模。不過該標度也是有一些缺點，像是「無法計算小型的地震」以及「需花費十幾分鐘的時間才能算出來」。

與此相對，日本則是採用以獨有方法計算而來的「氣象廳規模」（Japan Meteorological Agency magnitude scale）。氣象廳規模能夠迅速計算出與地震矩規模幾乎相同的數值。然而，氣象廳規模卻有低估巨大地震之規模的可能性。碰到這種狀況時，就會同時發表地震矩規模的數值。

震度與規模的關係

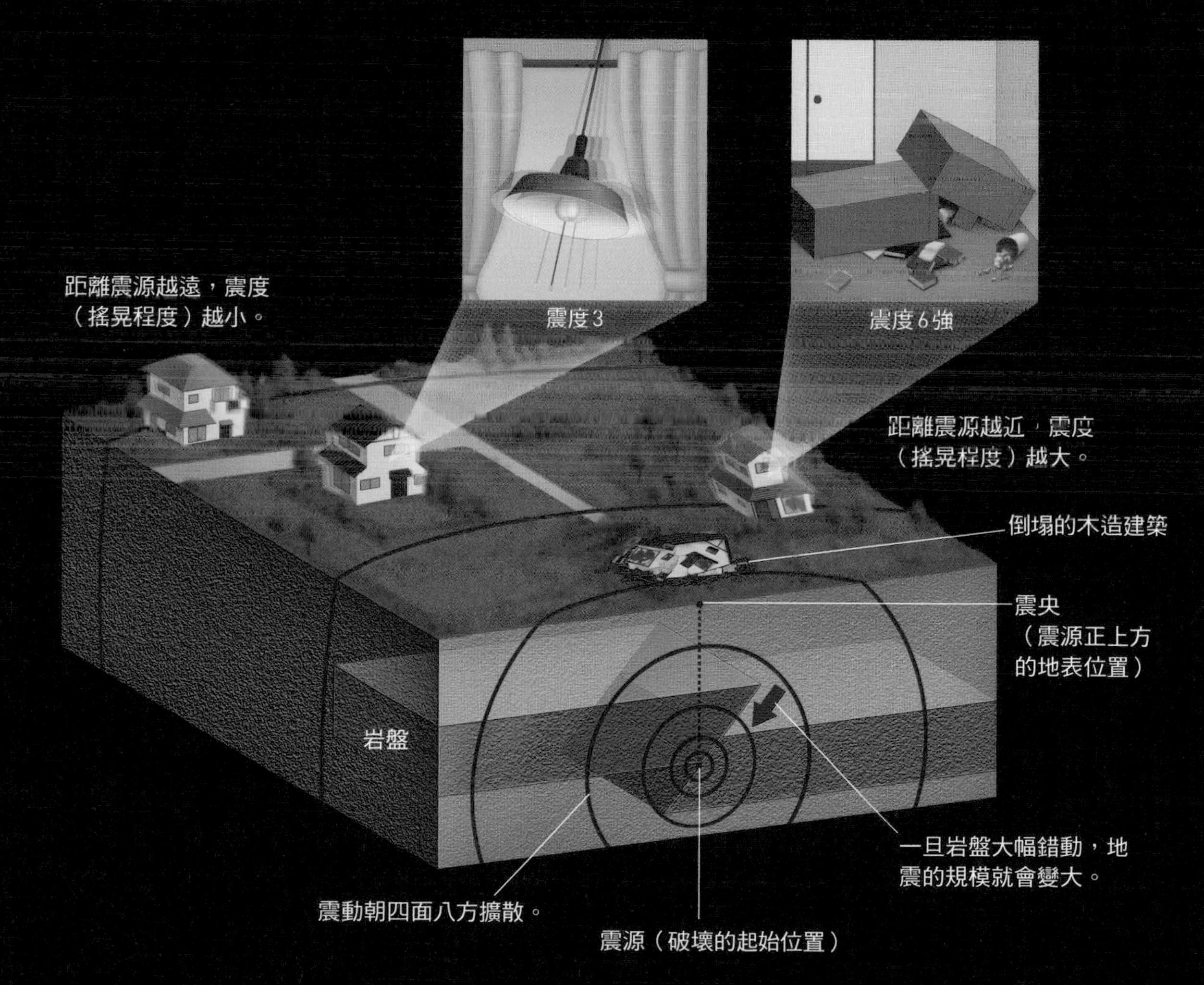

非國際單位制的特殊單位

表示資訊量的「位元」與「位元組」

只需要0與1這兩個數字就能夠表示數據資料

用於表示電腦及智慧型手機等裝置處理之資訊量的單位有「位元」（bit）與「位元組」（byte）。

位元是「二進位元」（binary digit）的簡稱。電腦基本上是透過組合無數個按鍵的開與關來收集、處理資訊。而像按鍵的開與關這樣二選一的資訊，能夠替換成僅用 0 與 1 這兩個數字來表達的二進位制。二進位制中的 1 位是最小的資訊單位，也就是所謂的位元。

1位元能夠區分2種資訊
1位元組是8位元，能夠對應256種資訊

1 位元在二進位制中是 1 位數，具體而言可以用「0」或「1」來表示 2 種資訊。2 位元在二進位制中是 2 位數，可以表示「00」、「01」、「10」與「11」共 4 種資訊。3 位元在二進位制中是 3 位數，可以表示「000」、「001」、「010」、「011」、「100」、「101」、「110」與「111」共 8 種資訊。同理，位元數每增加 1 個，能夠表示的資訊種類就會變為 2 倍。一般會將 8 位元統稱為 1 位元組，而 1 位元組能夠表示256種資訊。

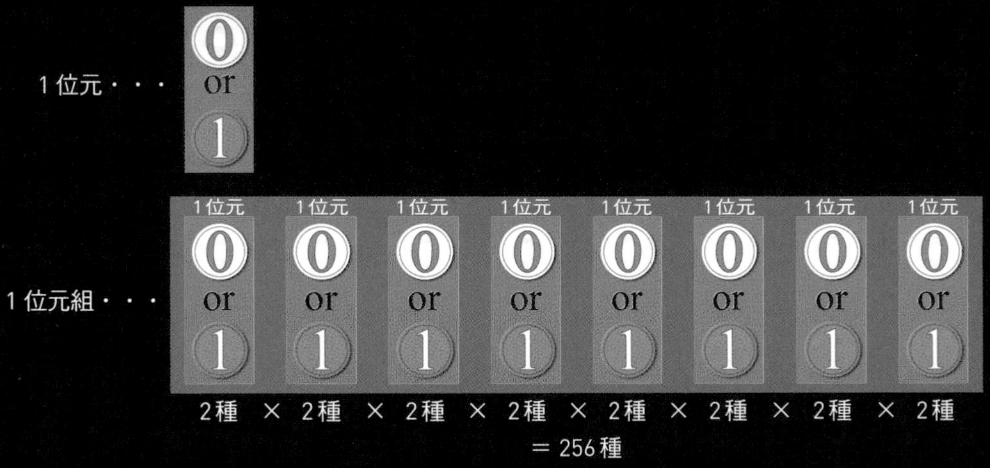

如果要用二進位制來表示英文字母的話，需要多少位元呢？若將英文字母的大小寫之分納入考量，那麼總共有52個字。以二進位制為這52個字各自分配不同的數值（0與1的排列），則最少需要6位（$2^6=64$）——也就是6位元的資訊量。

實際上，電腦是以8位元（$2^8=256$）——能夠對應數字加上各種符號共計256種文字——為標準在處理資訊。也就是說，以8位元來表示1個字。而8位元又稱為1位元組（1位元組＝8位元）。

另外，中文字則是使用2位元組（能夠對應6萬5536種文字）來表示1個字。

1位元組即1個英文字母的資訊量

1位元是資訊的最小單位，只能代表像按鍵的開與關這樣二選一資訊中的其中一種。1位元組也可以用二進位制中的8位數字來表示，共有256種組合，也就是說1位元組可以區分出256種資訊。在英語圈中，1位元組的資訊量相當於1個英文字母。

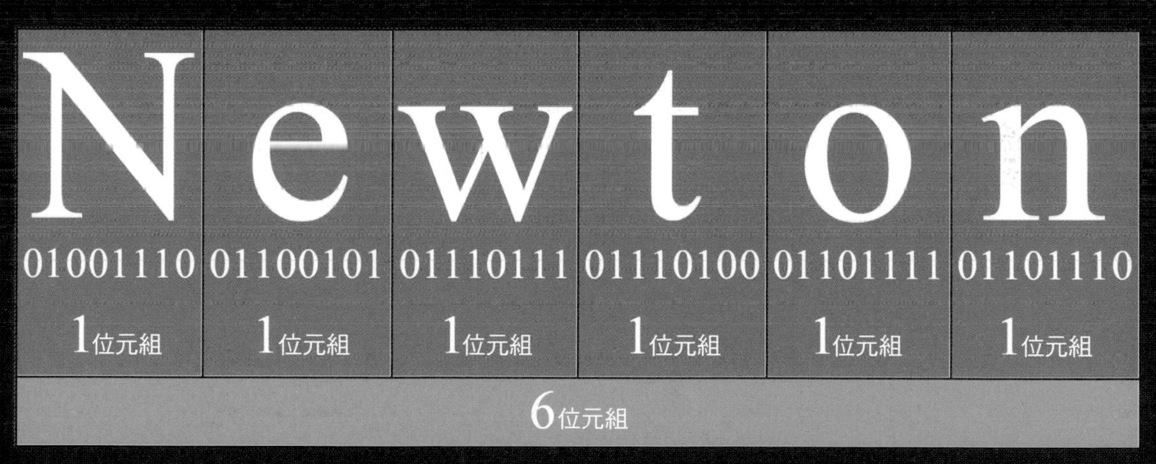

「Newton」有6個英文字母，因此資訊量為6位元組

上方所示為「N」、「e」、「w」、「t」、「o」與「n」這六個英文字母分配到的二進位制8位數值。1個英文字母有1位元組的資訊量，「Newton」總共有6位元組。

非國際單位制的特殊單位

表示宇宙距離的三種單位

測量廣大宇宙距離的「天文單位」、「光年」與「秒差距」

表示宇宙距離的單位有三種：「天文單位」（au，astronomical unit）、「光年」（light year）與「秒差距」（pc，parsec）。

天文單位是以太陽與地球之間的距離為基準的單位。國際天文學聯合會（International Astronomical Union，IAU）在2012年將天文單位定為1億4959萬7870.7公里。

光年是將光在真空的太空中行進1

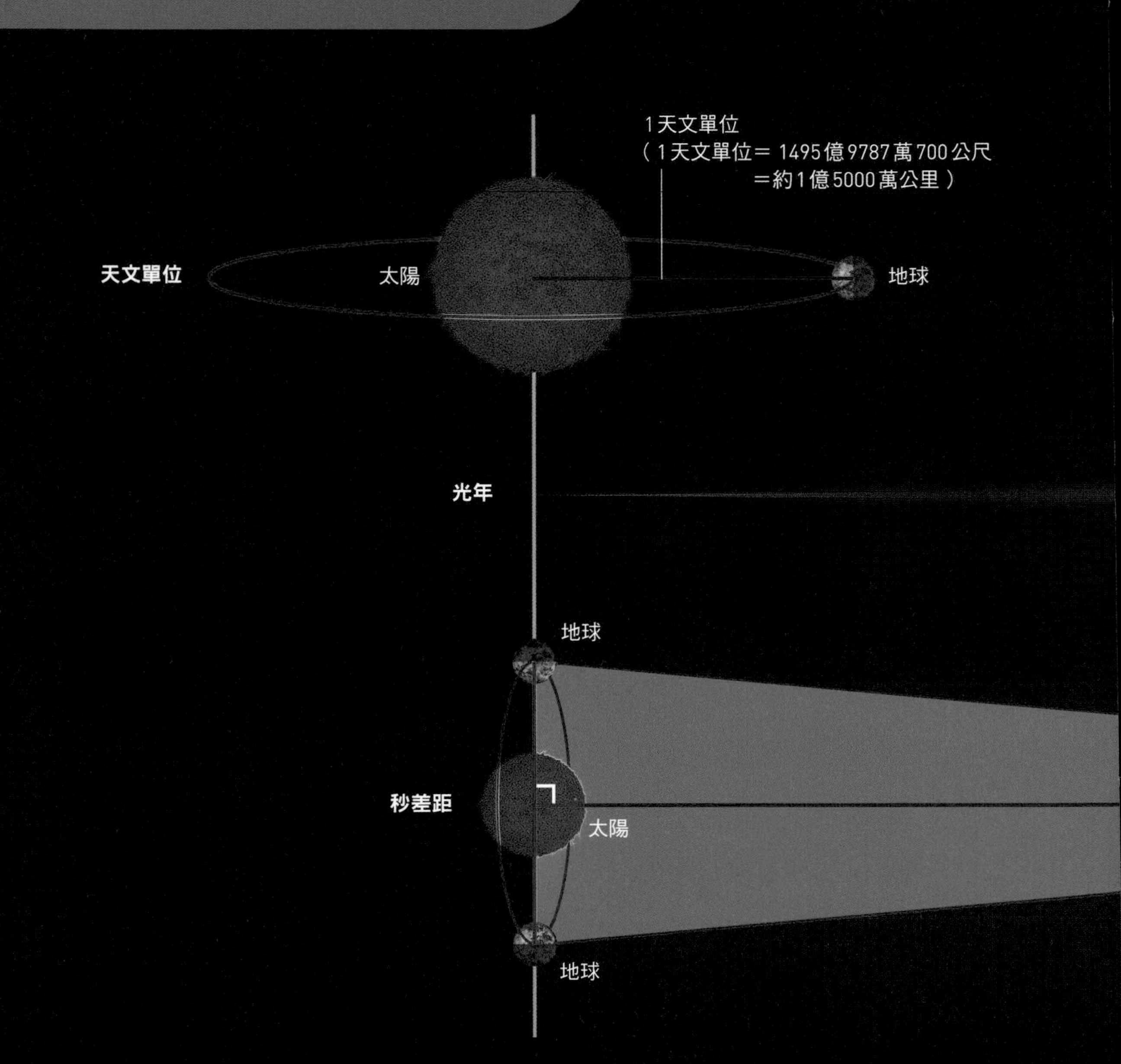

年的距離定為１光年的單位。1 光年是 9 兆4607億3047萬2580.8公里。

秒差距是當周年視差（annual parallax，某個時間點看到的天體在半年後偏離之角度的一半）變為 1 秒角時，將該天體與太陽的距離定為 1 秒差距的單位。1 秒差距相當於約30兆8568億公里。

天文單位運用於表示太陽系中天體的距離，或與其他行星系進行比較等時候。光年與秒差距主要用於表示與太陽系外天體的距離。在學術研究方面，最常使用到的單位是秒差距。

宇宙的距離以「天文單位」、「光年」、「秒差距」來表示

1 天文單位最初被定義為地球公轉的橢圓軌道半長軸長度，但如今是以國際天文學聯合會定義的數值為準。1 光年是光在真空中行進 1 年的距離，1 秒差距則是當周年視差變為 1 秒角時與太陽的距離。1 秒差距約為3.26光年，相當於約20萬6265天文單位。

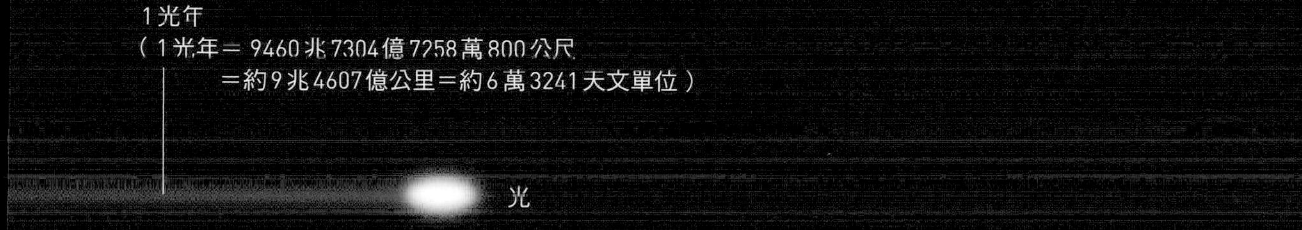

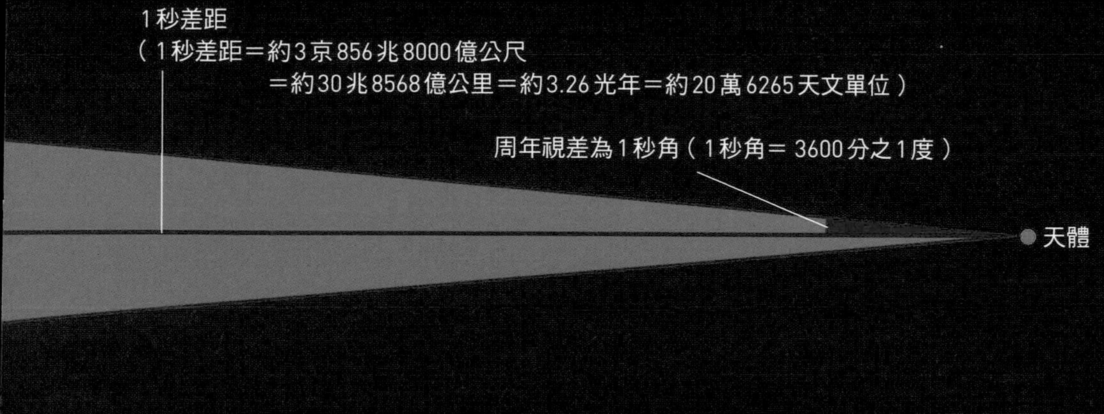

非國際單位制的特殊單位

表示酸鹼度的「pH」

越接近0則酸性越強，越接近14則鹼性越強

所謂的「pH」（氫離子濃度指數）是用於表示酸鹼度的單位。pH值代表氫離子的濃度。數值的範圍從0到14，pH7為中性，比7小的值為酸性，比7大的值為鹼性。

所謂pH1，是指在1公升水溶液中含有約0.1（10^{-1}）莫耳的氫離子。水溶液中的氫離子濃度會根據酸鹼度大幅改變。如果將酸性最強的氫離子濃度定為1，那麼鹼性最強時的濃度即為0.000 000 000 000 01，相差多達14位數。因此，如果直接以數值作為氫離子濃度的酸鹼度指標並不方便。有鑑於此，pH值便以氫離子濃度的「10的負幾次方」來表示。

pH代表氫離子濃度

各pH的左側所示為與之相應的氫離子濃度［在1公升水溶液中氫離子的量（莫耳）］。右側所示為常見的水溶液範例。pH是表示氫離子濃度為「10的負幾次方」的值。

氫離子濃度	
1.0(10^{0})	pH0
0.1(10^{-1})	pH1
0.01(10^{-2})	pH2
0.001(10^{-3})	pH3
0.0001(10^{-4})	pH4
0.00001(10^{-5})	pH5
0.000001(10^{-6})	pH6
0.0000001(10^{-7})	pH7
0.00000001(10^{-8})	pH8
0.000000001(10^{-9})	pH9
0.0000000001(10^{-10})	pH10
0.00000000001(10^{-11})	pH11
0.000000000001(10^{-12})	pH12
0.0000000000001(10^{-13})	pH13
0.00000000000001(10^{-14})	pH14

酸性

中性

鹼性

水溶液的範例

胃酸

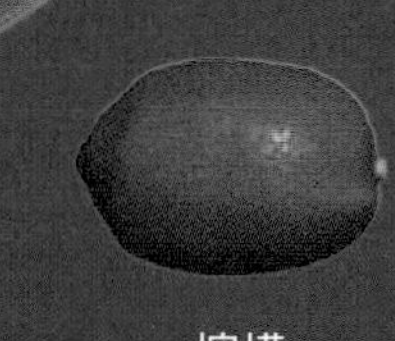

檸檬

醬油

西瓜

血液

眼淚

肥皂水

石灰水

非國際單位制的特殊單位

代表聲壓變化的「分貝」

當聲壓增加1位數，分貝的值就會增加20

表示聲音大小的單位是「分貝」（dB，decibel）。

聲音的本質是空氣的振動。空氣振動的強度越大，人類耳朵聽到的聲音就越大。空氣振動的強度即為聲壓，已知人類所能聽到的最小聲音約為 10^{-5} Pa（壓力的單位＝帕斯卡）。

如下圖所示，當以聲壓來表示小聲音與大聲音時，數值會有相當大的變

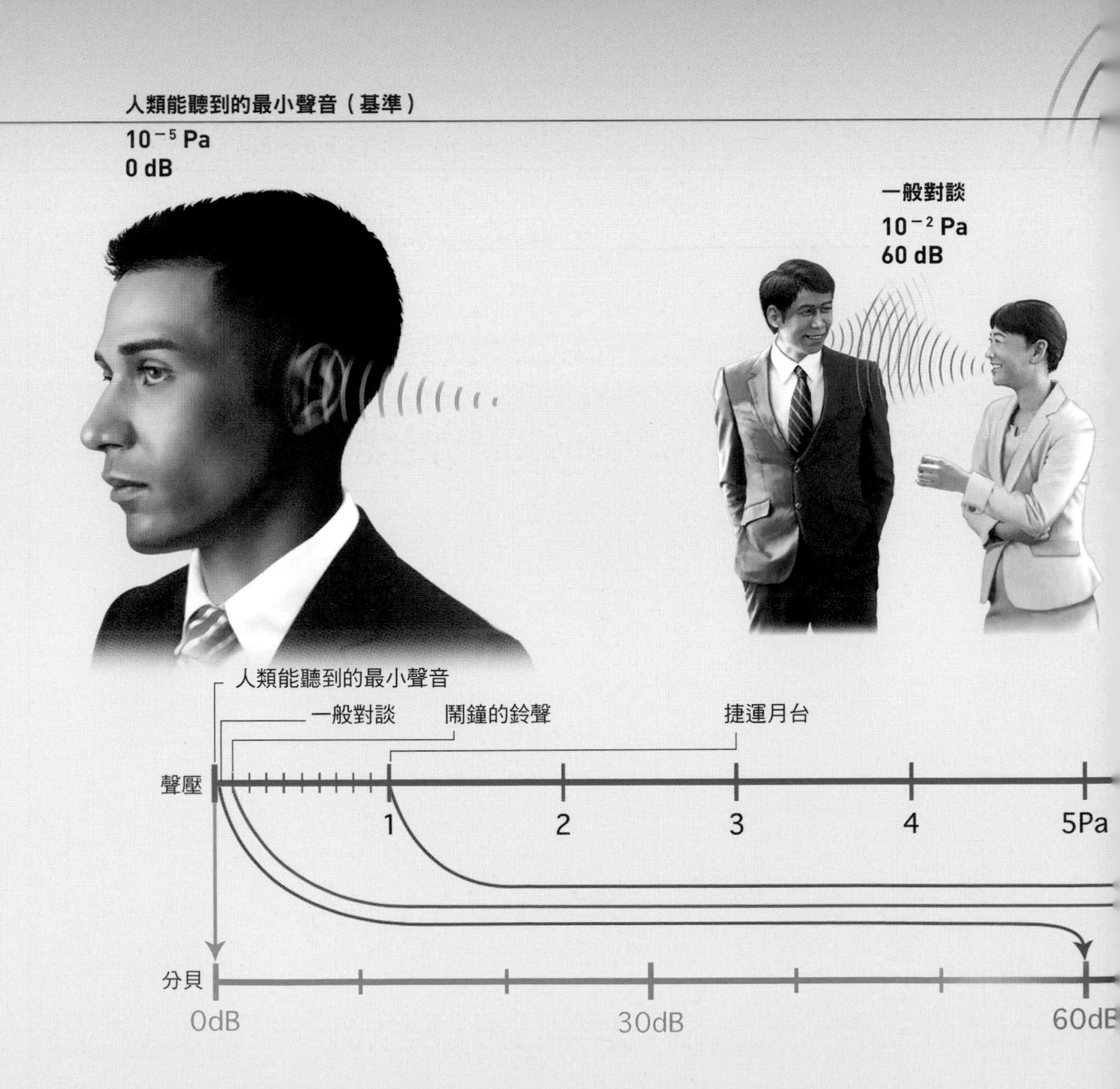

化。這樣看來，直接以聲壓數值作為音量指標並不方便。因此，音量的指標採用了與人類感知相近的分貝。

大致上來說，分貝是根據聲音大小的差異，表示聲壓「位數」的變化程度。也就是當聲壓變成10倍時，分貝的值就會增加20；變成100倍時就會增加40；變成1000倍時就會增加60。綜上所述，當聲壓增加1位數時，分貝的值就會增加20。

使用分貝的話，從人類能聽到的最小聲音（0dB）到噴射客機的引擎聲音（120dB左右），都能夠以簡潔易懂的數值來表示音量。

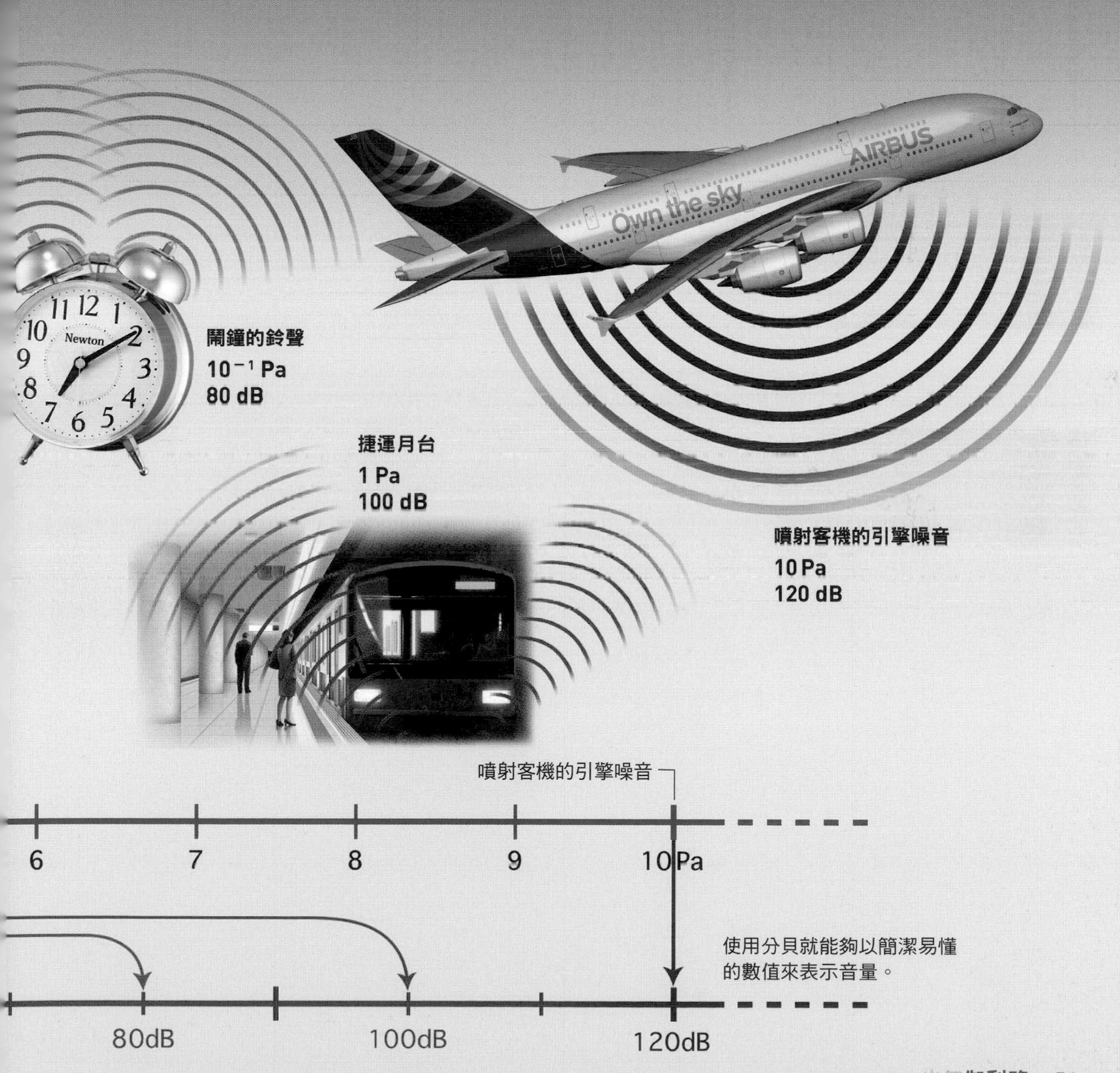

非國際單位制的特殊單位

衡量鑽石價值的基準之一「克拉」

1克拉相當於0.2公克

接下來介紹表示鑽石質量的單位「克拉」(ct，car，carat)。

當鑽石在市場上流通時，為了衡量其品質，會使用名為「鑽石4C」的基準來判斷。4C就是表示內含物的淨度(Clarity)、顏色(Color)、車工(Cut)以及克拉(Carat)。

克拉是表示鑽石質量的單位，1克拉相當於0.2公克。克拉一詞源自於原本用於計量鑽石的「長角豆」

最大鑽石「卡利南鑽石」的尺寸比硬式棒球再大一點點

作為判斷鑽石品質的基準，大小是衡量的必要條件。史上最大的鑽石「卡利南鑽石」有3106克拉(621.2公克)，發現於1905年南非的卡利南礦山。其長11公分，寬5公分，高6公分左右，與硬式棒球(直徑約7.5公分)的大小差不多。

硬式棒球

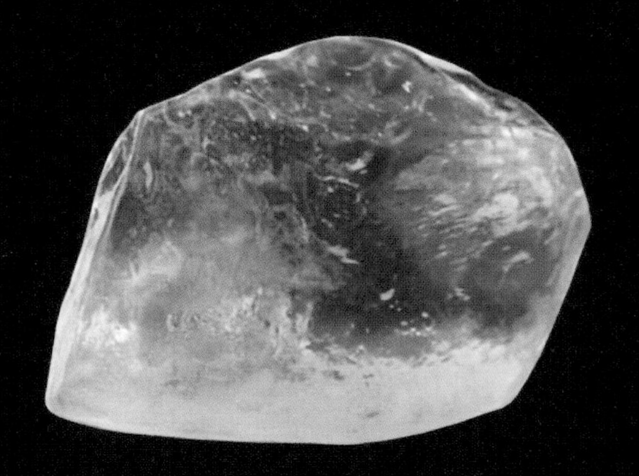

最大級的鑽石原石「卡利南鑽石」(3106克拉)

（carob）。

目前為止發現的鑽石當中，最大者為3106克拉（621.2公克）的「卡利南鑽石」（Cullinan Diamond）。

鑽石結晶成長的必要條件在於地球內部的高壓與高溫，以及長久的時間。一般認為，大顆的鑽石是從位於地底深處的大量液態碳元素（鑽石的原料）中，經過漫長歲月形成而來。

以原石「卡利南鑽石」製成的珠寶裝飾用鑽石

卡利南 1 號
530.2 克拉

卡利南 2 號
317.4 克拉

卡利南 3 號
94.4 克拉

卡利南 4 號
63.6 克拉

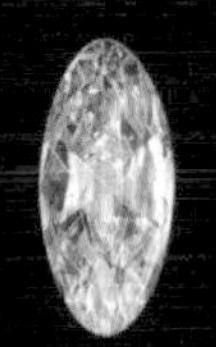

卡利南 5 號
18.8 克拉

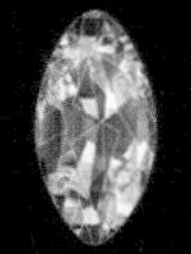

卡利南 6 號
11.5 克拉

卡利南 7 號
8.8 克拉

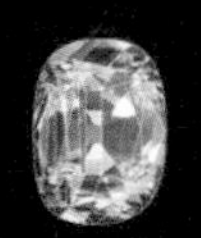

卡利南 8 號
6.8 克拉

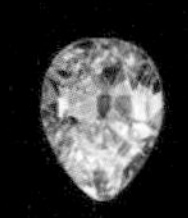

卡利南 9 號
4.39 克拉

非國際單位制的特殊單位

測量血壓不可或缺的mmHg

用於測量壓力的歷史性單位

血壓使用的是名為「毫米汞柱」（mmHg，millimeter of mercury）的單位。一般來說，壓力的單位是帕斯卡，不過毫米汞柱是具有壓力測量之歷史淵源的單位。

最早想出測量壓力方法的人，是義大利物理學家托里切利（Evangelista Torricelli，1608～1647），為了測量壓力，他使用了水銀（汞）來進行相關實驗。

先將水銀注滿玻璃管，再用手堵住開口，並且將玻璃管倒插在盛有水銀的容器中。接著放開堵住管口的手，管中的水銀就會往下降，並停在高度為76公分的地方。托里切利對於該現象的想法是：當容器液面所受的大氣壓力與管內水銀柱因受到重力而產生的壓力取得平衡時，水銀液面就不會再繼續下降。

當時托里切利的想法未被世人所接受，但後世證明了他所主張的的論點是正確的。

托里切利的水銀柱實驗

將長 1 公尺的玻璃管注滿水銀。用手堵住玻璃管開口，邊將玻璃管倒插在盛有水銀的容器中。當放開堵住管口的手，玻璃管上方就會形成空洞。在托里切利實驗中產生的這個空洞，正是人類首次以肉眼可見的形式製成的真空。

真空
玻璃管
水銀
（常溫下為液
體的金屬）
76 公分
大氣壓力
水銀的
壓力
容器

還有更多特殊的單位

海里（浬）

當要表示航海或是航空路線等橫跨地球的巨大距離時，會使用名為「海里」（nautical mile）的單位。一開始，海里的基準是緯度。話雖如此，由於地球是略微扁平的圓而非正圓，所以 1 海里的長度會根據緯度位置而有所不同。因此，1 海里在1929年被定為1852公尺，作為國際通用的基準。

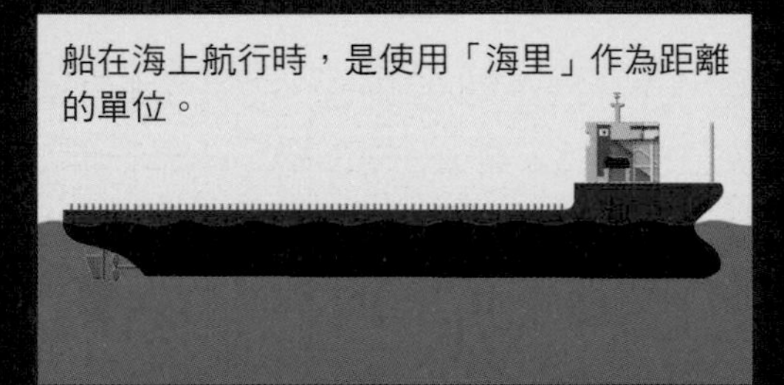
船在海上航行時，是使用「海里」作為距離的單位。

節（kn）

要表示船、飛機、風與海流的速度時，會使用名為「節」（kn，knot）的單位。1 節是指在 1 小時內前進 1 海里距離的速度。節是繩結的意思，源自於過去測量船速時，從船上放下在固定間隔上打了結的繩子，再根據放下的繩結數算出船速的方法。

公噸（t）

公噸作為表示質量的單位而廣為人知，不過也會用於其他地方，像是表示船的體積。若將 1 公噸的大小換算成立方公尺，則1t≒2.8329m^3。描述船的體積時，船隻各重點部位都有用於表示其體積的方法。例如「總噸位」（gross tonnage，GT）用於表示船的總體積，「容積噸」（measurement ton）用於表示船載運送的貨物容積。

伽（Gal）

「伽」（Gal）是當地震發生時，用於表示地震搖晃的加速度的單位。加速度代表在固定時間內速度的變化量，而 1 伽是指在 1 秒內以 1 cm/s的速度增加的加速度，也就是 1 cm/s^2。現今，為了表示測量震度，加速度是不可或缺的要素。在觀測地震時，會分別測量與地表垂直的方向、以及與地表平行且互相垂直的 2 個方向，共計 3 個方向的加速度，而在各方向上記錄到的加速度最大值，就是公布數據中的「最大加速度」的值。此外，也能夠算出由 3 個方向合成的最大加速度，在2011年 3 月11日發生的日本東北地方太平洋近海地震中，岩手縣的最大加速度（3 個方向的合成）紀錄超過1000Gal。

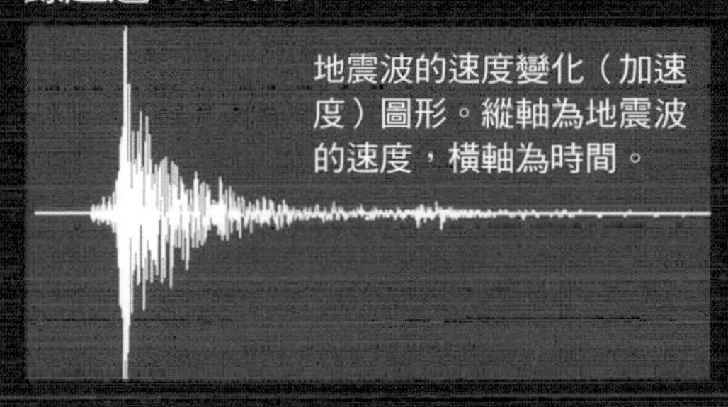
地震波的速度變化（加速度）圖形。縱軸為地震波的速度，橫軸為時間。

每分鐘轉速（rpm）

CD及藍光光碟等寫有資訊的圓盤，是透過旋轉來讀取或循環播放被寫入（被記錄）的資訊。各種光碟的每分鐘轉速取決於商品的種類，如果沒有依照相應的轉速來旋轉的話，就無法正確地讀取資訊。

表示這些產品每分鐘轉速的單位是「rpm」。1rpm是指在 1 分鐘內旋轉 1 次的速度。

德士（tex）

用於表示線粗細的單位之一是「德士」（tex）。由於測量線的直徑並非易事，因此可將線長固定之後測量其質量，以德士來表示。1 德士相當於「1 公尺長的線為 1 毫克時的粗細」。

匁（mom）

「匁」是日本自古以來獨有的質量單位※。儘管現在的日本已經很少聽到這個單位了，但實際上，匁至今仍作為表示珍珠質量的單位在世界通用。

※編註：日本的「匁」相當於中國傳統度量衡單位的「錢」，1 匁（錢）＝3.75公克。

埃（Å）

「埃」（Å，angstrom）是一個長度極短，現在用於表示電磁波波長的單位。1 埃為10^{-10}公尺。

「單位」在此告一個段落，您覺得如何呢？本書首先介紹了世界通用的單位系統國際單位制，講述七種基本單位及其定義。接著是表示力與能量、電量與放射線量等之大小與量的各種單位，都可以用七種基本單位加以組合而創造出來。有些是日常生活中經常使用的單位，有些或許是首次見到的單位。

無論是要正確表示某個量，還是要對他人描述某個量，單位都是不可或缺的工具。而且，說單位的存在讓現代產業與科學得以發展也不為過。讀完本書之後，您是否更想深入了解單位了呢？

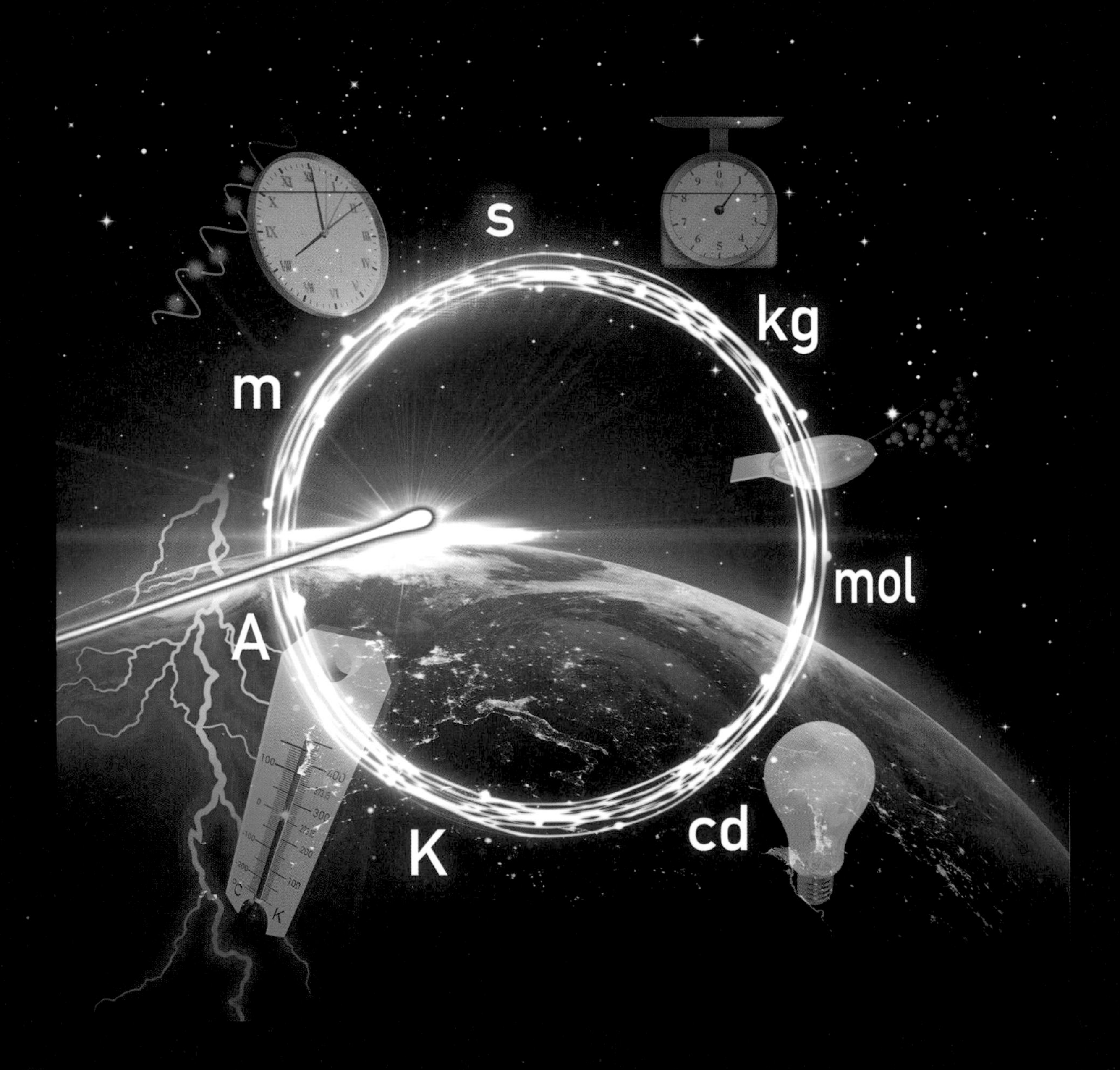

人人伽利略 科學叢書09

單位與定律

完整探討生活周遭的單位與定律！

針對生活中常用的單位，以及課堂中學過但不太了解的導出單位與特殊單位，本書統整出系統化的全面解說，助您釐清觀念、學習各種物理科學知識！

在制定單位的時候必須運用一些定律，這是因為發生在我們周遭的一切現象都依循著既定的規則，像是「相對性原理」、「自由落體定律」等等，範圍廣及宇宙、自然、化學、生物等領域。關於單位與定律的豐富內容，適合各年齡層一同深入探討。

人人伽利略 科學叢書11

國中．高中物理

徹底了解萬物運行的規則！

本書以五大主題「力與運動」、「氣體與熱」、「波」、「電與磁」、「原子」分別解說各種物理知識，搭配原理與定律的重點整理，讀來章節分明、章章精彩。

還覺得物理只能靠死背，撐過去就對嗎？自然組唯有讀懂物理，才能搶得先機。無論是學生還是想進修的大人、想成為孩子「後援」的家長，都能在3小時內抓到訣竅！

【 少年伽利略 24 】

單位
生活中的單位知識一次掌握

作者／日本Newton Press
特約主編／洪文樺
翻譯／吳家葳
編輯／蔣詩綺
發行人／周元白
出版者／人人出版股份有限公司
地址／231028 新北市新店區寶橋路235巷6弄6號7樓
電話／（02）2918-3366（代表號）
傳真／（02）2914-0000
網址／www.jjp.com.tw
郵政劃撥帳號／16402311 人人出版股份有限公司
製版印刷／長城製版印刷股份有限公司
電話／（02）2918-3366（代表號）
經銷商／聯合發行股份有限公司
電話／（02）2917-8022
香港經銷商／一代匯集
電話／（852）2783-8102
第一版第一刷／2022年4月
定價／新台幣250元
港幣83元

國家圖書館出版品預行編目（CIP）資料

單位：生活中的單位知識一次掌握
日本Newton Press作；
吳家葳翻譯. -- 第一版. --
新北市：人人出版股份有限公司, 2022.04
面； 公分. —（少年伽利略：24）
譯自：Newtonライト2.0 単位（ニュートンムック）
ISBN 978-986-461-284-0（平裝）
1.CST：度量衡 2.CST：科學

331.8 111003596

NEWTON LIGHT 2.0 TANI

Staff

Editorial Management 木村直之
Design Format 米倉英弘＋川口 匠（細山田デザイン事務所）
Editorial Staff 小松研吾，谷合 稔

Photograph

2〜3	BIPM/AFP/アフロ	16〜17	谷合 稔
4〜5	FM2/stock.adobe.com	28〜29	Takahito Obara/stock.adobe.com
6〜7	vectorfusionart/stock.adobe.com	36〜37	日本国 気象庁，Valemaxxx/stock.adobe.com
8〜9	Givaga/stock.adobe.com		

Illustration

Cover Design	宮川愛理	30〜33	Newton Press
12〜15	Newton Press	35	小林 稔
18〜21	Newton Press	38〜59	Newton Press
23	吉原成行	63	小林 稔
24〜27	Newton Press	64〜77	Newton Press